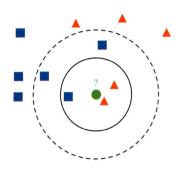

图 1-15　KNN 算法过程

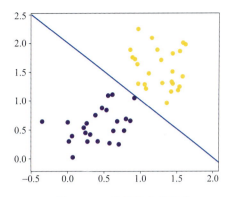

图 4-3　二维平面中的分类

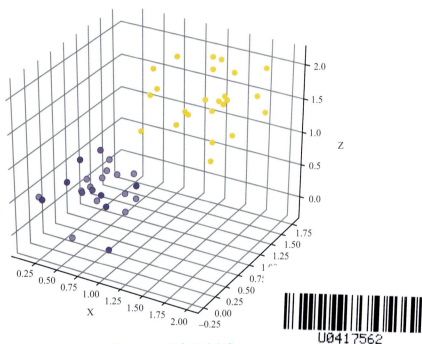

图 4-4　三维空间的分类

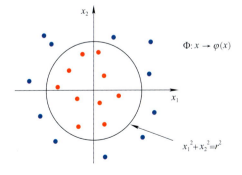

图 4-5　非平直数据分类

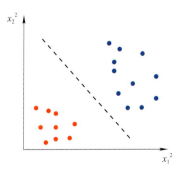

图 4-6　非平直数据处理后的分类

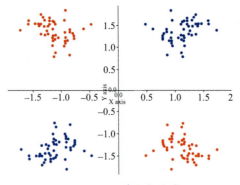

图 4-7 混杂数据分类

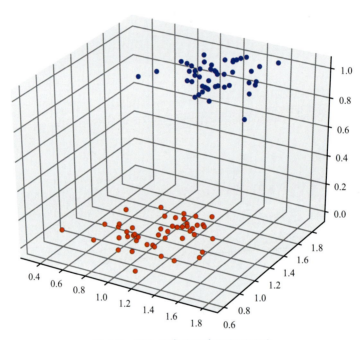

图 4-8 增加维度后混杂数据的分类

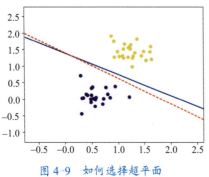 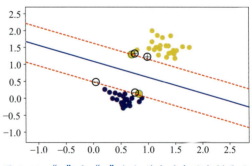

图 4-9 如何选择超平面　　　　图 4-10 "⊕"和"⊖"标记的点确定了分割平面

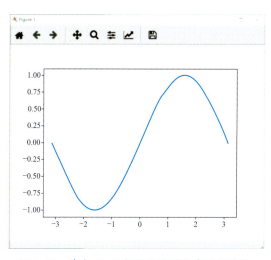

图 4-15 基本 sin 函数图形绘制程序运行结果

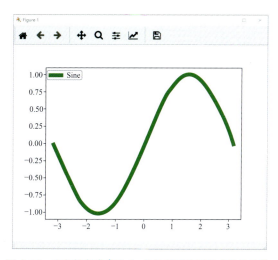

图 4-16 改变颜色线宽后 sin 函数图形绘制程序运行结果

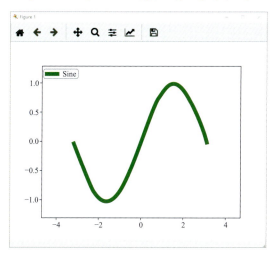

图 4-17 设定限值后 sin 函数图形绘制程序运行结果

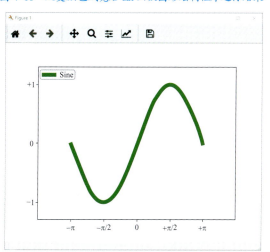

图 4-18 设定坐标刻度和坐标标签后 sin 函数图形绘制程序运行结果

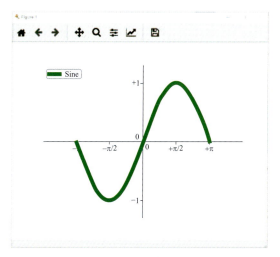

图 4-19 设置移动脊柱后 sin 函数图形绘制程序运行结果

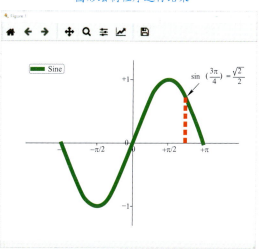

图 4-20 注释要点后 sin 函数图形绘制程序运行结果

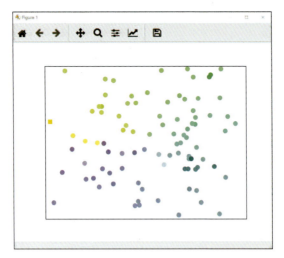

图 4-23 散点图程序运行结果

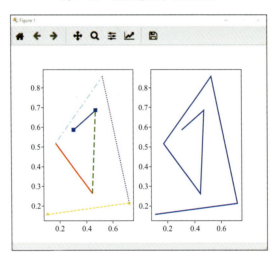

图 4-24 折线图程序运行结果

图 4-26 饼图程序运行结果

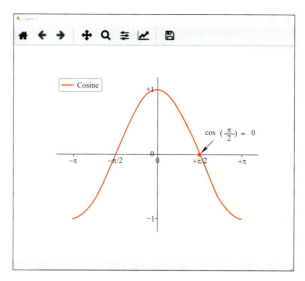

图 4-27　cos 函数图

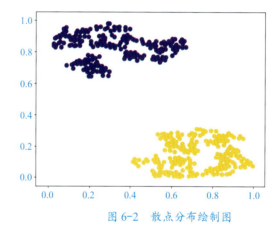

图 6-2　散点分布绘制图

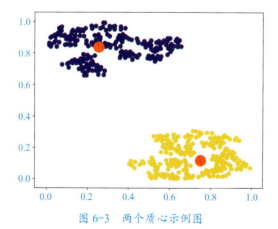

图 6-3　两个质心示例图

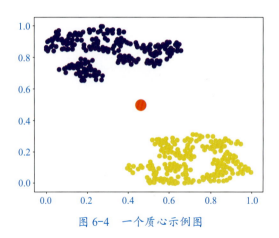

图 6-4 一个质心示例图

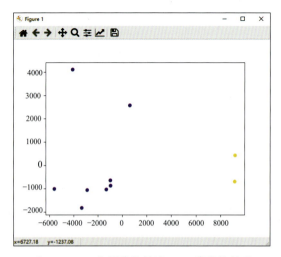

图 6-16 10 种樱花数据的 PCA 降维数据图

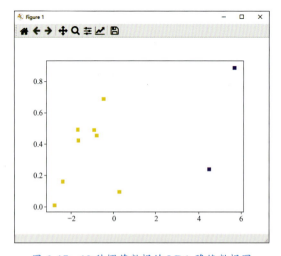

图 6-17 10 种樱花数据的 LDA 降维数据图

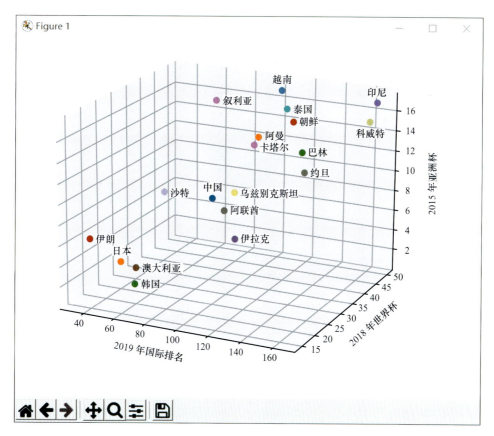

图 6-19 3D 图形显示

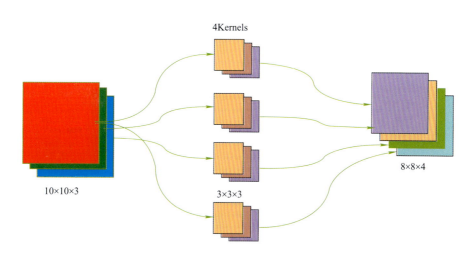

图 8-10 多通道图像的卷积

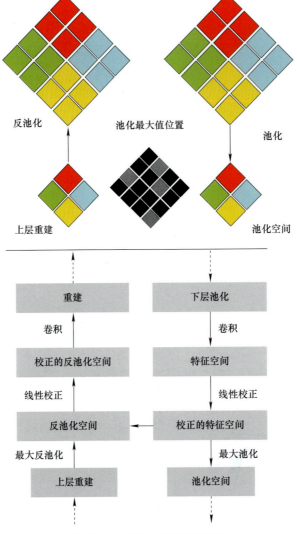

图 8-17 逆卷积获得特征图像

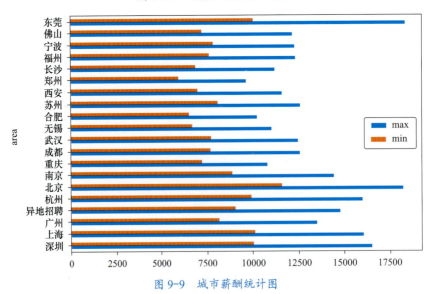

图 9-9 城市薪酬统计图

职业教育大数据技术专业"互联网+"创新教材

数据分析与机器学习算法

主　编　韩　伟
副主编　于　京　李景玉
参　编　胡　亦　景妮琴　詹晓东

机械工业出版社

本书从数据分析与机器学习算法入手，系统地介绍了机器学习各类算法的原理方法和实际应用。本书的主要内容包括：KNN算法、朴素贝叶斯、决策树、支持向量机、线性回归、K-means算法、人工神经网络、卷积网络深度学习以及基于Python数据分析进行职业规划。

本书作为大数据技术与人工智能领域的入门教材，在内容上涵盖了机器学习经典算法的基础知识和应用实例，采用Python作为编程语言，强调基本算法的应用理解，内容由浅入深。各部分内容均配有相应的任务，注重实践应用，便于读者学习和掌握。

本书可作为各类职业院校大数据技术、云计算技术应用、人工智能技术应用等相关专业的教学用书，也可作为相关专业领域工程技术人员的参考用书。

本书配有电子课件、源代码、微课视频（扫描二维码观看）等课程资源，选用本书作为授课教材的教师可以登录机械工业出版社教育服务网（www.cmpedu.com）注册后免费下载，也可联系编辑（010-88379807）咨询。

图书在版编目（CIP）数据

数据分析与机器学习算法/韩伟主编．—北京：机械工业出版社，2023.1
职业教育大数据技术专业"互联网+"创新教材
ISBN 978-7-111-72300-4

Ⅰ．①数… Ⅱ．①韩… Ⅲ．①机器学习—算法—职业教育—教材
Ⅳ．①TP181

中国版本图书馆CIP数据核字（2022）第252933号

机械工业出版社（北京市百万庄大街22号　邮政编码100037）
策划编辑：张星瑶　　　　　责任编辑：张星瑶
责任校对：丁梦卓　陈　越　封面设计：马若濛
责任印制：郜　敏
北京富资园科技发展有限公司印刷
2023年5月第1版第1次印刷
184mm×260mm・13印张・4插页・265千字
标准书号：ISBN 978-7-111-72300-4
定价：46.00元

电话服务　　　　　　　　　　　网络服务
客服电话：010-88361066　　　　机　工　官　网：www.cmpbook.com
　　　　　010-88379833　　　　机　工　官　博：weibo.com/cmp1952
　　　　　010-68326294　　　　金　书　网：www.golden-book.com
封底无防伪标均为盗版　　　　　机工教育服务网：www.cmpedu.com

前言 PREFACE

数据分析与机器学习是大数据、人工智能等新兴领域的核心技术，专门研究计算机怎样模拟或实现人类的学习行为，以获取新的知识或技能，重新组织已有的知识结构使之不断改善自身的性能。它是多学科交叉专业，涵盖概率论、统计学、近似理论和复杂算法等知识，广泛应用于图像识别、自然语言处理、网络安全、自动驾驶、自动化及机器人、电子商务、金融、生物技术及医疗诊断等领域。

本书旨在培养学生对数据分析常用的机器学习算法的理解和应用能力，使学生从数据处理、训练、验证各环节掌握数据分析算法的一般规律，能够对数据分析和机器学习算法进行综合应用和评价。

本书内容涵盖了常用的机器学习算法，包括：

有监督学习：KNN 算法、朴素贝叶斯、决策树、支持向量机、线性回归。

无监督学习：K-means 算法。

深度学习：神经网络、卷积网络。

本书在编写过程中，遵循以应用为目的，以必需、够用为原则，减少复杂的原理分析和理论推导，内容全面，结构合理，突出实用性，强调实践性。本书通过算法知识学习、任务案例实践以及综合项目应用，引导学生思考和实践处理数据、构建模型、评价模型的全过程，从而具备利用代码完成算法的能力。全书采用 Python 作为各项目、任务的实现语言，具有很强的通用性和实践性。

本书的参编教师多年从事大数据技术与应用专业的教学及科研工作，具有丰富的实践经验，保证了教材的编写质量和内容的完整性。

本书由韩伟任主编，于京、李景玉任副主编，参与编写的还有胡亦、景妮琴、詹晓东。其中，项目 1 由于京编写，项目 2、项目 6 由李景玉编写，项目 3 由景妮琴编写，项目 4、项目 7 由韩伟编写，项目 5 由胡亦编写，项目 8、项目 9 由詹晓东编写，韩伟还参与了各项目的"学习目标"和"工程准备"的撰写以及部分项目内容的编写工作。全书由韩伟统稿。

由于作者水平有限，书中难免有不足之处，恳请广大读者不吝赐教。

编 者

二维码索引

序号	视频名称	二维码	页码	序号	视频名称	二维码	页码
1	1-1 KNN 原理推荐车型		15	12	6-2 利用 K-means 算法进行樱花耐寒性聚类		104
2	1-2 鸢尾花分类		17	13	7-1 用神经网络辨认手写数字		153
3	2-1 贝叶斯公式		25	14	7-2 用神经网络辨认鱼的种类		157
4	2-2 利用朴素贝叶斯推荐商品		29	15	8-1 计算机图形的基本知识 1		169
5	3-1 如何决策最有效		43	16	8-2 计算机图形的基本知识 2		169
6	3-2 开发信用卡审批系统		47	17	8-3 卷积神经网络基本知识		170
7	4-1 预测学生成绩		63	18	8-4 构造特征辨认图像		174
8	4-2 正弦函数+余弦函数绘制		68	19	8-5 利用卷积网络识别手写数字		179
9	5-1 线性回归算法		85	20	9-1 基于 Python 数据分析进行职业规划 1		184
10	5-2 线性回归预测连锁店消暑饮料送货量		86	21	9-2 基于 Python 数据分析进行职业规划 2		184
11	6-1 K-means 算法		99				

目录 CONTENTS

前言
二维码索引

项目1　KNN算法及应用 1
任务1　推荐车型 15
任务2　鸢尾花分类 17
项目小结 20
拓展练习 20

项目2　朴素贝叶斯应用 23
任务1　利用朴素贝叶斯推荐商品 29
任务2　改进算法 33
任务3　评价算法 35
任务4　编程实现朴素贝叶斯 37
项目小结 39
拓展练习 39

项目3　决策树应用 41
任务1　开发人工智能的信用卡审批系统 47
任务2　处理数据的瑕疵以及特征工程 50
任务3　编程完成决策树项目应用 52
项目小结 53
拓展练习 53

项目4　支持向量机应用 55
任务1　预测学生成绩 63
任务2　用核函数处理非线性可分的数据 65
任务3　可视化数据 67
项目小结 81
拓展练习 81

项目5　线性回归应用 83
任务1　预测连锁店消暑饮料的销售量 86

CONTENTS

  任务2 可视化拟合结果和趋势 89
  任务3 度量线性回归模型可用性 91
  任务4 用线性回归模型预测房屋价格 92
  项目小结 96
  拓展练习 96

项目6 K-means算法及应用 97

  任务1 利用K-means算法进行樱花耐寒性聚类 104
  任务2 数据降维 107
  任务3 用K-means划分球队梯队 110
  项目小结 113
  拓展练习 113

项目7 人工神经网络应用 115

  任务1 用Tensorflow实现手势识别 144
  任务2 用pytorch实现手写数字识别 153
  任务3 利用神经网络辨认鱼的种类 157
  任务4 用梯度下降算法求解最优参数 162
  项目小结 164
  拓展练习 165

项目8 卷积网络深度学习 167

  任务1 构造特征辨认图像 174
  任务2 用卷积网络识别手写数字 179
  项目小结 182
  拓展练习 182

项目9 基于Python数据分析进行职业规划 183

  任务1 爬取数据 187
  任务2 清洗和整理数据 189
  任务3 分析数据、输出报表 192
  任务4 生成词云图 196
  项目小结 200
  拓展练习 200

参考文献 201

Project 1

项目1
KNN算法及应用

项目导入

大家肯定发现过一个奇怪的现象,每当登录电商或新闻网站时,网站总是会推荐一些"似曾相识"的商品或新闻。推荐熟悉的内容非常容易拉近网站和用户的关系,网站肯定利用了用户以前的浏览信息,推断出用户的兴趣点。那么这种推断的方法是什么呢,在人工智能领域有很多方法达到这一目的,这里介绍一种比较直观的机器学习算法,K近邻算法,即KNN(K-Nearest Neighbor)算法。

学习目标

1. 掌握KNN算法的原理
2. 能够应用归一化方法进行数据处理
3. 掌握机器学习的常用术语和求解流程
4. 能够根据客户兴趣推荐车型

素质目标

培养学生的学习动力,做好学习规划:通过项目案例的学习和实践,由浅入深引入学习过程,逐渐培养学生的学习信心、学习动力和学习兴趣,引导学生在开始做好学习规划,打好学习基础,通过自身的不懈努力,日积月累不断进步。

思维导图

本项目思维导图如图1-1所示。

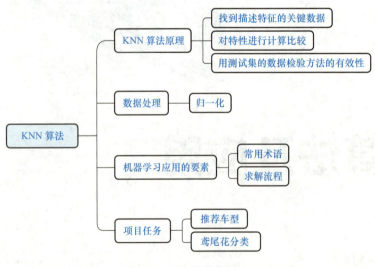

图1-1 项目思维导图

项目 1
KNN算法及应用

知识准备

1．KNN 算法原理

假设您经营一家汽车售卖网站，当用户登录并浏览了几种车型后，该怎样向客户推送有可能引发他兴趣的车型呢？先看表 1-1 列出的车辆属性信息。

表 1-1　车辆属性信息表

型　号	长 /mm	宽 /mm	高 /mm
BAOJ310 -	4032	1680	1450
XW-M1 +	4330	1535	1885
GoF	4259	1799	1452
CrV	4585	1855	1679
BZ-08	4590	1820	1488
jeta	4501	1704	1469
POL -	4053	1740	1449
BW5 +	5087	1868	1500
BDe6 +	4560	1822	1645
RWi5	4601	1818	1489
Wuling -	3797	1510	1820

为了简洁地说明问题，这里将数据缩减到很小的规模，而真实的问题需要更大量的数据规模。现在假设通过浏览器数据，发现用户浏览 XW-M1、BW5 和 BDe6 时用时较长（表 1-1 中用 + 标记的车型），但是对 BAOJ310、POL、Wuling 的网页一打开就关闭了（表 1-1 中用 - 标记的车型），获知用户的浏览信息后，现在要在 jeta、GoF、RWi5、BZ-08、CrV 中预测用户感兴趣的车型，并利用广告加以推送。

衡量车辆的要素需要包括车辆的外形尺寸、轴距、整车质量以及油耗等诸多因素，为了说明问题，这里将考虑因素简单化，暂时只考虑长、宽、高因素。下面从用户已经浏览过的车型数据出发，寻找一个预测方法，预测应该向用户推荐哪些他未曾浏览的车型。

首先将用户已经做过选择的 6 辆车分成两部分，分别标记为"训练"组和"测试"组，见表 1-2，其中训练组的数据将生成"预测模型"，而测试组的数据将用来考察将来的预测是否正确。

表 1-2　将已知数据分为测试和训练两个部分

型　号	长 /mm	宽 /mm	高 /mm	数据集分类
BAOJ310 -	4032	1680	1450	训练
XW-M1 +	4330	1535	1885	训练
POL -	4053	1740	1449	训练
BW5 +	5087	1868	1500	训练
BDe6 +	4560	1822	1645	测试
Wuling -	3797	1510	1820	测试

最直观地想象，应该为客户挑选与"感兴趣的车型"较为相像的车，在推荐过程中综合考虑长、宽、高3个指标。可以认为外形尺寸差距在一定范围内的车辆就是预测的用户可能感兴趣的目标。如果将车辆的三维外形尺寸信息画入一个三维坐标系，如图1-2所示，可以发现，所谓两辆车很相像，就是值在三维空间中表达外形信息的两个点很相近。

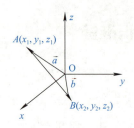

图1-2 三维空间中两辆车的外形信息

这时可以考虑三维空间中求距离的公式：

$$d_{A,B}=\sqrt{(x_2-x_1)^2+(y_2-y_1)^2+(z_2-z_1)^2} \tag{1-1}$$

式中，x代表车长；y代表车宽；z代表车高。针对待推荐列表中的每个品牌车辆（以BZ08为例）都计算一遍与训练数据的距离，然后找出与BZ08距离最近的k个训练数据，并考察这k个训练数据的类别，按简单多数的原则决定BZ08的类别。但是在不知道某个人工智能算法是否有效时，不应该将这个方法用于实际。应该先用测试集的数据检验方法的有效性，由于测试集数据是已知结果的数据，那么只要用新方法所求结果与存在的结果比较，就可知道该方法正确与否。

机器学习并不是什么新的"神奇技术"，大多数依赖于对特定数据的计算。利用机器学习解决问题时，首先需要找到描述其特性的关键数据，然后对特性进行计算和比较。为了体验数据和计算的过程，可以试一下用普通的"电子表格"完成任务，操作步骤如下。

第1步：建立名为"车辆信息.xlsx"的Excel文件，如图1-3所示。在表格的F2位置输入公式"=SQRT((C2-C7)*(C2-C7)+(D2-D7)*(D2-D7)+(E2-E7)*(E2-E7))"，其中，C7、D7、E7中的数据是被预测车型的长、宽、高。此时，F2将得出被预测车型对XW-M1这个车型的d值。

第2步：将指针放置在F2的右下角，使用该公式填充F3至F5的各个单元格，可以看到被预测车型对于各型车辆的d值，如图1-4所示。

	A	B	C	D	E	F
1	标志	型号	长(mm)	宽(mm)	高(mm)	d
2	+	XW-M1	4330	1535	1885	439.17
3	−	POL	4053	1740	1449	
4	+	BW5	5087	1868	1500	
5	−	BA0J310	4032	1680	1450	
6						
7		被预测车型	4560	1822	1645	
8			4560	1822	1645	
9			4560	1822	1645	
10			4560	1822	1645	

图1-3 被预测车型对XW-M1的d值

	A	B	C	D	E	F
1	标志	型号	长(mm)	宽(mm)	高(mm)	d
2	+	XW-M1	4330	1535	1885	439.17
3	−	POL	4053	1740	1449	549.72
4	+	BW5	5087	1868	1500	548.52
5	−	BA0J310	4032	1680	1450	580.49
6						
7		被预测车型	4560	1822	1645	
8			4560	1822	1645	
9			4560	1822	1645	
10			4560	1822	1645	

图1-4 拖拽填充，获得被预测车型对各型车辆的d值

第 3 步：为了挑选出需要的结果，将 F 列按升序排列（为方便观察 F 列被设置成保留两位小数），如图 1-5 所示。

	A	B	C	D	E	F
1	标志	型号	长(mm)	宽(mm)	高(mm)	d
2	+	XW-M1	4330	1535	1885	439.17
3	+	BW5	5087	1868	1500	548.52
4	−	POL	4053	1740	1449	549.72
5	−	BAOJ310	4032	1680	1450	580.49
6						
7		被预测车型	4560	1822	1645	
8			4560	1822	1645	
9			4560	1822	1645	
10			4560	1822	1645	

图 1-5　对 F 列升序排列，$k=3$ 为深色部分

这时可以选取与被测车辆距离最小的 k 个点（一般 k 为奇数，本例中 $k=3$）的分类，以作为判断的依据，观察图 1-5 的深色部分，即离被测最近距离的 3 辆车中，2 辆为用户感兴趣车型，1 辆为用户无兴趣车型，按简单的少数服从多数原则，可确定被测车辆也是用户感兴趣车型。

这种预测算法称为 k 近邻算法，含义是 k 个最近的节点。KNN 算法是一种预测分类的算法，算法观察与自己距离最近的 k 个点（k 一般为奇数）的分类，并可以用简单的少数服从多数原则确定自身的分类。

KNN 算法的一般过程需要对未知类别属性的数据集中的每个点依次执行以下操作：

1）计算训练集中的点与待预测点之间的距离。

2）按距离递增排序。

3）选取与待预测点距离最小的 k 个点。

4）统计 k 个点的类别频率。

5）以 k 个点中频率最高的类别作为代预测点的预测结果。

如果考虑减小 KNN 算法中 k 的取值，例如取 1，那么待预测点的分类只依赖于与之最近的点，那么分类结果随机性太大；相反，若 k 太大，例如极端情况，与数据集的样本数一样大，那么算法的分类结果没有意义。就一般经验，k 的取值一般低于训练样本数的平方根。另外，还可以不使用简单投票规则，而对距离加权，例如，使距离近的点更有发言权，那么可以降低 k 值变化对结果的影响。

从推荐车型的例子可以看出，机器学习其实是大量和精细的计算，利用机器学习算法再加上网站、电商等应用手段，就可以产生惊人的效果。

当然事情并不是如此简单，例如，卖车网站升级了，推荐系统更加智能化了，可以通过汽车的售价、油耗、刹车性能推荐车型。这时候问题出现了，观察这些指标的数量级见表 1-3 和表 1-4。

数据分析与机器学习算法

表1-3 不同车型的属性数据

车 型	长/mm	宽/mm	高/mm	油耗/(L/100km)	售价/(万元)	数据集分类
BAOJ310 -	4032	1680	1450	5.3	5.6	训练
XW-M1 +	4330	1535	1885	7.8	14.5	训练
POL -	4053	1740	1449	6.2	10.8	训练
BW5 +	5087	1868	1500	8.5	25.6	训练
BDe6 +	4560	1822	1645	7.8	15.8	测试
Wuling -	3797	1510	1820	5.5	9.6	测试

表1-4 不同属性的数量级

数据指标	数据示例	量 级
长宽高类型数据	4560、1822、1645	10的3次方
售价	5.6、14.5	10的1、2次方
平均油耗	7.8、8.5、6.2	10的1次方

从上面两个表可以看出，若通过以上不同属性的数据（只考虑数值）计算"距离"，外形尺寸仍然起决定性的作用，而油耗等因素由于数值原因，与其他属性的差距很大，以至于几乎不能对最终的结果产生影响。这显然不符合算法预设的初衷，对结果也将带来很大偏差，那么又该如何解决这种由数据的数量级所产生的偏差呢？

通常在进行机器学习算法之前需要对数据进行一系列处理，而"数据处理"（术语为特征工程）也是工作流程中的一个非常重要的环节。优秀的数据处理对提高算法的结果正确性和计算效率起着非常巨大的作用。

对于属性数值差异大而引起结果偏差的情况，可以用"归一化"方法处理数据。归一化是数据处理的重要方法，它可以使数量级差别巨大的数据在衡量事物时拥有同样的"权"。形象地说就是每个因素只有"一票"，而不因为数量巨大就拥有更多的决定权。

2．数据处理：归一化

数据归一化有多种方法，其中最直观的方法是，对每个属性都找出最大数值和最小数值，然后对某一属性数据集中的每个数据都按式1-2整理。

$$x' = \frac{x - \min A}{\max A - \min A} \tag{1-2}$$

观察公式，若x是数据集中的最小值时，则x'的值为0；若x是已知数据的最大值时，则x'的值为1。因此，如果所有待考察的属性都做这样的处理，那么其结果实际上是使每个属性的取值范围都介于0和1之间。通过这种方法可以做到让所有属性具有相同的决定权。

回过头来观察之前的待推荐车辆数据，图1-6～图1-9展示了使用Excel软件利用归一法处理数据的过程，完成数据处理后的结果如图1-10所示。

	A	B	C	D	E	F	G
1	型号	长	宽	高	油耗	售价	数据集
2		/mm	/mm	/mm	/(L/100km)	/(万元)	分类
3	BAOJ310-	4032	1680	1450	5.3	5.6	训练
4	XW-M1+	4330	1535	1885	7.8	14.5	训练
5	POL-	4053	1740	1449	6.2	10.8	训练
6	BW5+	5087	1868	1500	8.5	25.6	训练
7		=MAX(B3:B6)					

图 1-6　利用 Excel 的 MAX 公式求长度的最大值

	A	B	C	D	E	F	G
1	型号	长	宽	高	油耗	售价	数据集
2		/mm	/mm	/mm	/(L/100km)	/(万元)	分类
3	BAOJ310-	4032	1680	1450	5.3	5.6	训练
4	XW-M1+	4330	1535	1885	7.8	14.5	训练
5	POL-	4053	1740	1449	6.2	10.8	训练
6	BW5+	5087	1868	1500	8.5	25.6	训练
7		5087	1868	1885	8.5	25.6	
8		=MIN(B3:B6)					

图 1-7　利用 Excel 的 MIN 公式求长度的最小值

	A	B	C	D	E	F	G
1	型号	长	宽	高	油耗	售价	数据集
2		/mm	/mm	/mm	/(L/100km)	/(万元)	分类
3	BAOJ310-	4032	1680	1450	5.3	5.6	训练
4	XW-M1+	4330	1535	1885	7.8	14.5	训练
5	POL-	4053	1740	1449	6.2	10.8	训练
6	BW5+	5087	1868	1500	8.5	25.6	训练
7		5087	1868	1885	8.5	25.6	
8		4032	1535	1449	5.3	5.6	
9		=B7-B8					

图 1-8　利用 Excel 求长度的最大值与最小值之差

	A	B	C	D	E	F	G
1	型号	长	宽	高	油耗	售价	数据集
2		/mm	/mm	/mm	/(L/100km)	/(万元)	分类
3	BAOJ310-	4032	1680	1450	5.3	5.6	训练
4	XW-M1+	4330	1535	1885	7.8	14.5	训练
5	POL-	4053	1740	1449	6.2	10.8	训练
6	BW5+	5087	1868	1500	8.5	25.6	训练
7		5087	1868	1885	8.5	25.6	
8		4032	1535	1449	5.3	5.6	
9		1055	333	436	3.2	20	
10	BAOJ310-	=(B3-B8)/B9					

图 1-9　利用 Excel 和公式 1-2 对 BAOJ310- 的数据归一化

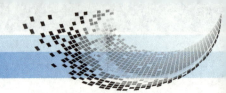

数据分析与机器学习算法

	A	B	C	D	E	F	G
1	型号	长	宽	高	油耗	售价	数据集
2		(mm)	(mm)	(mm)	(L/100km)	(万元)	分类
3	BAOJ310-	4032	1680	1450	5.3	5.6	训练
4	XW-M1+	4330	1535	1885	7.8	14.5	训练
5	POL-	4053	1740	1449	6.2	10.8	训练
6	BW5+	5087	1868	1500	8.5	25.6	训练
7	BDe6+	4560	1822	1645	7.8	15.8	测试
8	Wuling-	3797	1510	1820	5.5	9.6	测试
9	MAX	5087	1868	1885	8.5	25.6	
10	MIN	3797	1510	1449	5.3	5.6	
11	MAX-MIN	1290	358	436	3.2	20	
12	BAOJ310-	0.1822	0.4749	0.0023	0.0000	0.0000	
13	XW-M1+	0.4132	0.0698	1.0000	0.7813	0.4450	
14	POL-	0.1984	0.6425	0.0000	0.2813	0.2600	
15	BW5+	1.0000	1.0000	0.1170	1.0000	1.0000	
16	BDe6+	0.5915	0.8715	0.4495	0.7813	0.5100	
17	Wuling-	0.0000	0.0000	0.8509	0.0625	0.2000	

图1-10　完成所有数据的归一化

完成归一化的数据为图1-10中12～17行的区域，可以看到所有数据取值在[0,1]内。这时就可以用之前的操作方法对被预测对象计算d的值了。操作过程和计算d的结果如图1-11所示。

	A	B	C	D	E	F	G	H
1	型号	长	宽	高	油耗	售价	数据集	
2		(mm)	(mm)	(mm)	(L/100km)	(万元)	分类	
3	BAOJ310-	4032	1680	1450	5.3	5.6	训练	
4	XW-M1+	4330	1535	1885	7.8	14.5	训练	
5	POL-	4053	1740	1449	6.2	10.8	训练	
6	BW5+	5087	1868	1500	8.5	25.6	训练	
7	BDe6+	4560	1822	1645	7.8	15.8	测试	
8	Wuling-	3797	1510	1820	5.5	9.6	测试	
9	MAX	5087	1868	1885	8.5	25.6		
10	MIN	3797	1510	1449	5.3	5.6		
11	MAX-MIN	1290	358	436	3.2	20		d(BDe6)
12	BAOJ310-	0.1822	0.4749	0.0023	0.0000	0.0000		1.1812
13	XW-M1+	0.4132	0.0698	1.0000	0.7813	0.4450		0.9908
14	POL-	0.1984	0.6425	0.0000	0.2813	0.2600		0.8494
15	BW5+	1.0000	1.0000	0.1170	1.0000	1.0000		0.7629
16	BDe6+	0.5915	0.8715	0.4495	0.7813	0.5100		0.0000
17	Wuling-	0.0000	0.0000	0.8509	0.0625	0.2000		1.3723

图1-11　针对BDe6车型计算对每一条训练数据的d值

计算完成后，根据知识准备1的方法对d值升序排序，之后取$k=3$，这时可以看出BDe6车型应该被预测为"可推荐车型"，如图1-12所示。

	A	B	C	D	E	F	G
1	型号	长mm	宽mm	高mm	油耗	售价	d(BDe6)
2	BW5+	1.0000	1.0000	0.1170	1.0000	1.0000	0.7629
3	POL-	0.1984	0.6425	0.0000	0.2813	0.2600	0.8494
4	XW-M1+	0.4132	0.0698	1.0000	0.7813	0.4450	0.9908
5	BAOJ310-	0.1822	0.4749	0.0023	0.0000	0.0000	1.1812

图 1-12　d 值升序排序后的结果

如果按此方法考察 Wuling 车型，也会发现它应当属于"不被推荐"的车型。

在知识准备 1 和 2 中，预测的都是测试集中的数据，对测试集而言，每一条数据的分类是已知的，因此有机会验证"预测的方法"是否正确。从结果看，在测试集上取得了相当高的正确率，那么就可以将这个方法推广到其他车型的推荐中去了。

至此，在车辆推荐的案例中用 KNN 算法实践了一个算法应用的过程。这个算法的原理在生活中很常见，即"物以类聚"，其原理也在"情理之中"。随着学习的深入就可以发现机器学习算法大多数是生活中的道理，只不过生活中的道理比较模糊，以至于准确度很不稳定，无法定量地应用，科学性的描述不够，而通过加入度量计算的方法和验证其有效性的规则，使之成为可以计算和测试的算法，就能够准确地选取和应用在各个领域了。为了更精确地描述机器学习算法，接下来将介绍一些常用术语。

3. 机器学习常用术语

术语可以让交流更准确和高效，机器学习内容较复杂，更需要一套专用的"术语"以利于精确描述各种概念，根据 KNN 算法案例可以体会这些术语的含义。

建立人工智能往往需要从大量的过往经验中总结规律，这被称为机器学习，即通过对大量数据进行"学习"从而产生对新情况进行判断和预测的能力。若需要预测的问题是离散的（离散即无法连续，如猫、狗、鸵鸟等动物的种类）则被称为"分类"。若需要预测一个"连续的数值"，如根据历史数据预测明天的温度，则称为"拟合"。对分类而言，重要的是"区分不同类别的边界"，而对于"拟合"问题，则需要一个"求解未知数据的公式"，这个"边界"和"公式"都来源于对已知数据的"学习"，在机器学习领域，这一过程被称为从数据中求得"模型"，人工智能中的机器学习就是研究求解模型的方法，所以模型就是机器学习的结果。

用来支持计算机寻找模型的数据被称为"数据集"，例如，表 1-1 中数据集中的一条（1 行）数据被称为"示例"或"样本"，可想而知，对任一样本总存在多个要素的描述，例如，表 1-1 中对车辆外形的描述可以总结出长、宽、高 3 个要素。这些描述数据的要素在机器学习领域被称为"属性"或"特征"。以长、宽、高为特征描述一类车型，若建立一套坐标系，x、

y、z 3个坐标轴分别代表"长，宽，高"，那么每一车型都可以在这套坐标系的空间中找到自己的位置，若特征数量是"3"，则数据分布在三维空间。扩展一下，把数据的特征数量也称为"维数"，就好像数据分布在"多维空间"，那么在有效选取的条件下数据的维数越大，对事物的刻画越精细，越容易找出规律，但是过大的维数将带来更大的计算负担，导致计算速度降低。

从数据集中求出模型的过程称为"学习"或"训练"，得到模型后，使用模型的过程叫"生产"。但是学习而产生的模型需要进行测试，待确认算法的有效性和准确性后才能投入生产。所以训练和测试都需要在已知结果的数据集上进行。训练使用的数据与测试使用的数据不应该是同一组数据。所以在数据集中应该划分出"训练集"和"测试集"，一般来说，训练集和测试集不能交叉。训练集和测试集中的数据分别称作训练样本和测试样本，就如在知识准备1中对车型数据所做的那样。

训练和测试后，希望模型能够在新的数据上使用。模型在新数据上的适用性称为"泛化能力"。泛化能力是描述人工智能的关键性指标，一般情况下，计算机在学习和测试过程中都可以达到较高的正确率，但在实际应用中，正确率等指标可能会出现明显下降，甚至出现不适用的情况，这就被称为"泛化"能力差，究其原因是训练集和测试集是实际应用的一个很小的"子集"，实际的情况并没有详尽地反映在训练和测试的过程中。所以要获得较好的"泛化"效果，就需要科学地收集和安排数据集，而充足的数量是数据集的关键指标之一。而另一个关键指标则是样本在数据集中的分布情况，样本的分布与实际情况应尽量一致。例如，在预测就业问题时，数据集中的男女比例、年龄段分布就需要与模型最终的使用情况一致，否则肯定出现泛化能力的下降，若一个方法在测试时取得非常高的正确率，而实际使用时正确率明显下降，则称为"过拟合"。但是如果在训练集上都不能达到满意的准确率就被称为"欠拟合"，一般的原因是训练方法不佳、训练数据太少或训练量不够。

在某些情况下，研究者会根据学习目的对已知数据做出标记。例如，在知识准备1中对车型数据分别标注了"+"和"-"（见表1-1），表示"可推荐"和"不可推荐"，给数据集加注标记被称为"数据标注"。

如果训练过程需要"标记"信息的参与，则此类机器学习算法被称为"监督学习"，否则称为"无监督学习"。一般情况下，前面所提到的"分类"和"回归"都是监督学习的范畴。而无监督学习可被用于发现"未知分类"的新事物，如寻找网络热点新闻等。

综合使用上面这些术语，简述知识准备1中的KNN算法：KNN算法是一种监督学习的分类算法。表1-3就是数据集，其中前4条数据是训练集，后2条数据为测试集，表中的每一列都是一个属性，用"长、宽、高、油耗、售价"共5个维度描述了车辆信息，而在表1-1

中只用了 3 个维度。用这些术语描述问题可以更加准确和简洁。

由于阅读和开发时代码中将会大量出现以上词汇的中英文形式，所以将以上词汇总结如下：

预测：Predict

监督学习：Supervised Learning

无监督学习：Unsupervised Learning

训练：Training

训练集：Training Set

测试：Test

测试集：Test Set

分类：Classification

拟合：Fitting

维度：Dimension

属性：Property

特征：Feature

泛化：Generalization

过拟合：Overfitting

欠拟合：Underfitting

归一化：Normalization

4．机器学习问题的求解流程

机器学习的求解过程是有规律可循的，一般情况下可分为数据加工→利用训练集构造模型→利用测试集测试模型正确率，若正确率达到较高水平，则可以将模型应用于实践等几个流程，如图 1-13 所示。前面讲解的 KNN 算法也正是遵照了这个过程。

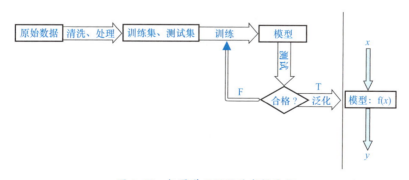

图 1-13　机器学习问题的求解流程

工程准备

1. 应用方法：KNN 算法

KNN 算法称为 K 近邻算法或 K 最邻近分类算法，是数据挖掘分类技术中最简单的方法之一。所谓 K 最近邻，就是 K 个最近的邻居，说的是每个样本都可以用它最接近的 K 个邻近值来代表。近邻算法就是将数据集合中每一个记录进行分类的方法。

KNN 算法的核心思想是，如果一个样本在特征空间中的 K 个最相邻的样本中的大多数属于某一个类别，则该样本也属于这个类别，并具有这个类别上样本的特性。该算法在确定分类决策上只依据最邻近的一个或者几个样本的类别来决定待分样本所属的类别。KNN 算法在类别决策时，只与极少量的相邻样本有关。由于 KNN 算法主要靠周围有限的邻近的样本，而不是靠判别类域的方法来确定所属类别的，因此对于类域的交叉或重叠较多的待分样本集来说，KNN 算法较其他方法更为适合。

> **KNN 的发展历史**
>
> KNN（K-Nearest Neighbor）算法即 K 最邻近法，最初由 Cover 和 Hart 于 1968 年提出，是一个理论上比较成熟的方法，也是最简单的机器学习算法之一。该方法的思路非常直观：如果一个样本在特征空间中的 K 个最相似（即特征空间中最邻近）的样本中的大多数属于某一个类别，则该样本也属于这个类别。该方法在定类决策上只依据最邻近的一个或者几个样本的类别来决定待分类样本所属的类别。
>
> 该算法的不足之处是计算量较大，因为对每一个待分类的文本都要计算它到全体已知样本的距离，才能求得它的 K 个最邻近点。目前常用的解决方法是事先对已知样本点进行"剪辑"，事先去除对分类作用不大的样本。另外还有一种 Reverse KNN 算法，它能降低 KNN 算法的计算复杂度，提高分类的效率。
>
> KNN 算法比较适用于样本容量比较大的类域的自动分类，而那些样本容量较小的类域采用这种算法比较容易产生误分的情况。

2. 使用工具：KNN、NumPy 和 Sklearn 模块

（1）KNN 模块

K 近邻算法采用测量不同特征值之间的距离方法进行分类。

优点：精度高（计算距离）、对异常值不敏感（单纯根据距离进行分类，会忽略特殊情况）、无数据输入假定（不会对数据预先进行判定）。

缺点：时间复杂度高、空间复杂度高。

适用数据范围：数值型和标称型。

工作原理：存在一个样本数据集合，也称作训练样本集，并且样本集中每个数据都存在标签，即知道样本集中每一数据与所属分类的对应关系。输入没有标签的新数据后，将新数据的每个特征与样本集中数据对应的特征进行比较，然后算法提取样本集中特征最相似数据（最近邻）的分类标签。一般来说，只选择样本数据集中前 K 个最相似的数据，这就是 K 近邻算法中 K 的出处，通常 K 是不大于 20 的整数。最后，选择 K 个最相似数据中出现次数最多的分类，作为新数据的分类。

（2）NumPy 模块

NumPy（Numerical Python）是 Python 的一种开源的数值计算扩展。这种工具可用来存储和处理大型矩阵，比 Python 自身的嵌套列表结构（Nested List Structure）要高效得多（该结构也可以用来表示矩阵（Matrix）），支持大量的维度数组与矩阵运算，此外也针对数组运算提供大量的数学函数库。

（3）Sklearn 模块

Sklearn（Scikit-Learn）是机器学习中常用的第三方模块，对常用的机器学习方法进行了封装，包括回归（Regression）、降维（Dimensionality Reduction）、分类（Classfication）、聚类（Clustering）等方法。当面临机器学习问题时，可根据图 1-14 来选择相应的方法。

Sklearn 具有以下特点：

1）简单高效的数据挖掘和数据分析工具。

2）开源，每个人能够在复杂环境中重复使用。

3）基于 NumPy、SciPy 和 Matplotlib 构建。

Sklearn 可实现的函数或功能可分为以下几个方面：分类算法（包括 KNN 算法）、回归算法、聚类算法、降维算法、文本挖掘算法、模型优化、数据预处理。

Sklearn 安装前要求系统中已安装 Python、NumPy、SciPy。然后就可以使用"pip install scikit-learn"安装 Scikit-Learn。

数据分析与机器学习算法

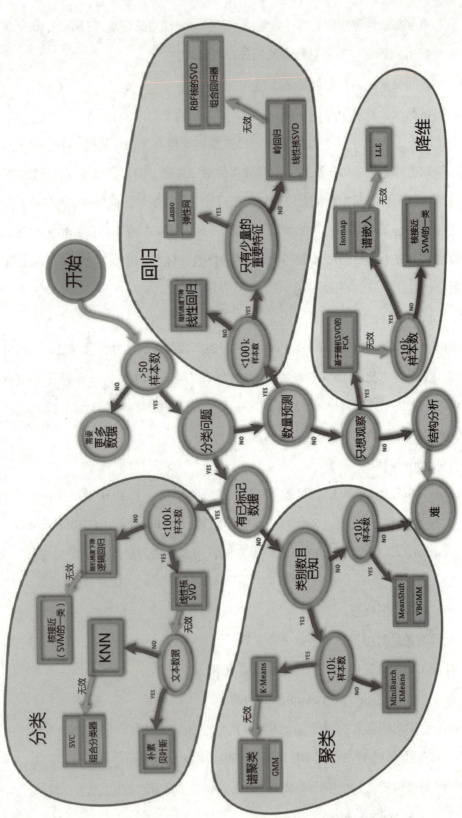

图1-14 Scikit-Learn 算法选择路径图

项目 1
KNN算法及应用

任务 1 推荐车型

扫码看视频

本书使用 Python 语言开发程序,本书并不详细讲述 Python 语言的用法,由于代码都比较短小,所以建议尝试复制和运行案例来逐步掌握一些 Python 程序的编写要点。下面,先用电子表格操作和编程语句对照的方式完成整个程序,先理解程序与电子表格操作的对应关系,建立整体逻辑,后面的任务中再介绍细节的功能。

就像使用 Excel 时要在操作系统中找到软件图标一样,在编程时要找到需要用的工具,这里的第 2、3 行代码将用到 numpy 和 knn 这两个工具,在代码中加入工具模块。

```
2  import numpy as np
3  from sklearn.neighbors import KNeighborsClassifier as knn
```

接下来将建立一个类似表 1-3 那样的数据表格,在编程中一般称为矩阵,如下面代码的第 5 至 11 行,其中 ar_x 存放了训练集和测试集的全部数据。而将训练集的已知结果放在 ar_y 中,用 0 表示不推荐,用 1 表示推荐。要注意的是测试集的结果并没有存于 ar_y 中。

```
5   ar_x=[[4032,1680,1450,5.3,5.6],
6         [4330,1535,1885,7.8,14.5],
7         [4053,1740,1449,6.2,10.8],
8         [5087,1868,1500,8.5,25.6],
9         [4560,1822,1645,7.8,15.8],
10        [3797,1510,1820,5.5,9.6]]
11  ar_y=[0,1,0,1]
```

接下来应该做图 1-3 和图 1-4 里 Excel 的那些复杂公式的输入和拖拽工作了,只需要下面的 3 行代码:

```
13  ar_min=np.min(ar_x,0)
14  ar_mn=np.max(ar_x,0)-ar_min
15  nor_ar =np.around((ar_x-ar_min)/ar_mn,4)
```

这 3 行代码完成了图 1-6 到图 1-10 的归一化工作,并把数据保存在 nor_ar 中,这时可以用 print 打印这个矩阵,观察结果,得到一个和图 1-10 中归一化数据相同的结果:

```
[[0.1822 0.4749 0.0023 0.     0.    ]
 [0.4132 0.0698 1.     0.7812 0.445 ]
 [0.1984 0.6425 0.     0.2813 0.26  ]
 [1.     1.     0.117  1.     1.    ]
 [0.5915 0.8715 0.4495 0.7812 0.51  ]
 [0.     0.     0.8509 0.0625 0.2   ]]
```

这时就可以建立 KNN 预测模型了。只需要 17、18 两行代码,其中 n_neighbors=3 表示 KNN 算法的分类参考点数 K=3。

数据分析与机器学习算法

```
17    model = knn(n_neighbors=3)
18    model.fit(nor_ar[:4], ar_y)
```

这时模型已经建立，可以计算测试集的分类了，第19、20两行代码就可以完成这个功能：

```
19    pre=model.predict(nor_ar[4:6])
20    print (pre)
```

第20行用print输出了对测试集 nor_ar 的4、5两行（nor_ar[4:6]）的预测结果：[1 0]，对照图1-5，结果正确。

可以看出利用代码解决问题与操作"电子表格"计算的思路是一致的，但是代码方式还有一个巨大的优势，那就是当更换数据时，即只更换第5～11行代码，而其他代码不用变化，就能进行对其他数据的预测工作，这大大提高了生产效率，而且在之后的程序中可以看到，编程在功能方面要强大得多。

本书的后面会逐渐用代码代替电子表格的操作，这样读者在了解原理、培养思路的基础上，可以逐步利用这些样例代码开发类似的数据分析应用。

下面从语法和参数的角度详细解释一下代码。

程序代码：

```
1     # 引入工具包
2     import numpy as np
3     from sklearn.neighbors import KNeighborsClassifier as knn
4     # 定义数据
5     ar_x=[[4032,1680,1450,5.3,5.6],
6           [4330,1535,1885,7.8,14.5],
7           [4053,1740,1449,6.2,10.8],
8           [5087,1868,1500,8.5,25.6],
9           [4560,1822,1645,7.8,15.8],
10          [3797,1510,1820,5.5,9.6]]
11    ar_y=[0,1,0,1]
12    # 利用均一化处理数据
13    ar_min=np.min(ar_x,0)
14    ar_mn=np.max(ar_x,0)-ar_min
15    nor_ar =np.around((ar_x-ar_min)/ar_mn,4)
16    # 建立模型并预测
17    model = knn(n_neighbors=3)
18    model.fit(nor_ar[:4], ar_y)
19    pre=model.predict(nor_ar[4:6])
20    print (pre)
```

首先从整体看，代码分为"引用工具""定义数据""数据处理""建立模型预测并输出"4个部分，代码中的"#"表达"本行为注释"，即说明性文字，并不参与程序运行。

另外为了便于说明问题，正文中的代码都有行号，而真实运行的程序中是不应该有行号的。

代码说明：

- 第2、3行：numpy 和 sklearn 是两个 Python 语言的"工具模块"，numpy 的功能是进行高效计算，它的特点是不但支持数字的运算，还支持数据集合的运算（如矩阵运算），这样大大提高了计算效率。import 的意义是"引入"，即引入 numpy 模块，后面的"as np"是指用 np 这个代替 numpy。

  sklearn 是一个可以进行人工智能算法的模块，而 sklearn.neighbors 指的是 sklearn 中的 neighbors 工具。该句话的含义是从 sklearn.neighbors 工具中引入 KNeighborsClassifier 分类器，并用 knn 这个简称代替。

- 第5～11行：定义一个数据结构 ar_x，它用一组嵌套的"[]"表达了电子表格中的数据，这种结构术语称为 array，"[]"表达集合的概念，里层的"[]"表达电子表格中的每行数据，最外层的"[]"表达了"行的集合"，而对于车型推荐标志"+、-"用另一个 array：ar_y 存储，在这里用 0 代表推荐，用 1 代表不推荐。

- 第13行：np.min 是用来求矩阵最小元素的工具，0 是指求每列的最小值。之后将求得的最小值存在 ar_min 中。

- 第14行：np.max 与 np.min 功能相反，求矩阵最大元素，然后计算了最大值和最小值的差存放在 ar_mn 中。

- 第15行：按照式 1-2 的形式完成所有数据的归一化，其中 np.around 的含义是保留小数，后面的参数 4 表示结果保留 4 位小数。

- 第17、18行：建立了一个 KNN 模型，其中 K=3，然后用训练集具体化了这个模型，因为这里的训练集只有 4 个数据，所以使用 nor_ar 矩阵的前 4 行数据即可，nor_ar[:4] 的含义就是取 nor_ar 的前 4 行的值，由于在 Python 这种编程语言中序列编号从 0 开始，所以实际是 nor_ar[0]、nor_ar[1]、nor_ar[2]、nor_ar[3] 这 4 行数据。同时将整个 ar_y(0,1,0,1) 也传入模型。

- 第19、20行：使用 model.predict 方法预测了 nor_ar 后两个数据（nor_ar[4]，nor_ar[5]）的类型，并使用 print 进行打印，结果为 [0,1]。可以得知，该预测模型在测试集上获得了 100% 的正确率。

至此完成了利用 KNN 算法进行车型推荐案例的编程，由于使用的代码比较简单，大家反复使用就会基本掌握。

任务2 鸢尾花分类

KNN 算法的过程是这样的：从图 1-15 中可以看到数据集是良好的数据，即都打好了 label，一类是正方形，一类是三角形，圆形是待分类的数据。如果 K=3，那么离圆点最近的有 2 个三角形和 1 个正方形，这 3 个点投票，于是这个待分类点属于三角形类；如果 K=5，那么最近的有 2 个三角形和 3 个正方形，这 5 个点投票，于是这个待分类点属于正方形类。由此可见，KNN 算法本质是基于一种数据统计的方法。其实很多机器学习算法也是基于数据统计的。KNN 是一种基于记忆的学习 (Memory-Based Learning)，也叫基于实例的学习 (Instance-Based Learning)，属于惰性学习（Lazy Learning）。即它没有明显的前期训练过程，

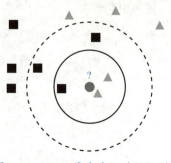

图 1-15　KNN 算法过程（见彩页）

而是程序开始运行时，把数据集加载到内存后，不需要进行训练，就可以开始分类了。具体是每次来一个未知的样本点，就在附近找 K 个最近的点进行投票。

鸢尾花（见图 1-16）分类实验是根据上述原理来实现的，首先给定一定的数据进行分类，然后通过欧式距离算得需要分类的数据属于哪一类别。

a)　　　　　　　　　　　　b)　　　　　　　　　　　　c)

图 1-16　鸢尾花

a) 山鸢尾　b) 虹膜锦葵鸢尾　c) 变色鸢尾

在 Sklearn 机器学习包中集成了各种各样的数据集，这里引入的是鸢尾花（Iris）数据集，它是很常用的一个数据集。鸢尾花有三个类别，分别是山鸢尾、虹膜锦葵鸢尾和变色鸢尾。每一类鸢尾花收集了 50 条样本记录，共计 150 条。数据集包括 4 个属性，分别为花萼的长、花萼的宽、花瓣的长和花瓣的宽。

用 Sklearn 可以实现鸢尾花分类，使用 Sklearn 库中的 KNN 对 Iris 数据集进行预测。

首先，导入模块：

```
pip install sklearn
pip install mglearn
pip install numpy
pip install pandas
pip install matplotlib
```

程序代码：

```python
from sklearn.model_selection import train_test_split
from sklearn.datasets import load_iris
import mglearn
import numpy as np
from collections import Counter
import pandas as pd

class Knn():
    def __init__(self,k=5):
        self.k = k

    def fit(self,x,y):
        self.x = x
        self.y = y

    def dis(self,instant1, instant2):  # 求欧式距离
        dist = np.sqrt(np.sum((instant1 - instant2) ** 2))
        return dist

    def knn_classfy(self,X,y,test):
        distances = [self.dis(x,test) for x in X]
        kneighbors = np.argsort(distances)[:self.k] # 选取前 K 个邻居
        count = Counter(y[kneighbors]) # 记录标签的个数
        return count.most_common()[0][0]  # 统计出现次数最多的标签

    def predict(self,test_x):
        pre = [self.knn_classfy(self.x,self.y,i) for i in test_x] # 预测的标签集
        return  pre

    def score(self,test_x,test_y):
        pre = [self.knn_classfy(self.x,self.y,i) for i in test_x] # 预测的标签集
        col = np.count_nonzero((pre == test_y))  # 统计测试集的标签和预测的标签相同的个数
        return col / test_y.size

iris_dataset = load_iris()
x_train, x_test, y_train, y_test = train_test_split(iris_dataset['data'], iris_dataset['target'], random_state=15)

mknn = Knn(5)
mknn.fit(x_train, y_train)
y_predict = list(mknn.predict(x_test))
print(y_predict)
labels = [" 山鸢尾 "," 虹膜锦葵 "," 变色鸢尾 "]
for i in range(len(y_predict)):
```

```
    print(" 第 %d 次测试 : 真实值 :%s\t 预测值 :%s"%((i+1),labels[y_predict[i]],labels[y_test[i]]))
    print(" 准确率：",mknn.score(x_test, y_test))
```

运行结果如图 1-17 所示。

```
[0, 1, 1, 0, 0, 1, 2, 1, 1, 2, 2, 1, 1, 1, 2, 0, 1, 2, 0,
 2, 1, 0, 1, 1, 0, 0, 2, 2, 2, 1, 0, 2, 2, 2, 0, 0, 2, 0]
第1次测试:真实值:山鸢尾        预测值:山鸢尾
第2次测试:真实值:虹膜锦葵      预测值:虹膜锦葵
第3次测试:真实值:虹膜锦葵      预测值:虹膜锦葵
第4次测试:真实值:山鸢尾        预测值:山鸢尾
第5次测试:真实值:山鸢尾        预测值:山鸢尾
第6次测试:真实值:虹膜锦葵      预测值:虹膜锦葵
第7次测试:真实值:变色鸢尾      预测值:变色鸢尾
第8次测试:真实值:虹膜锦葵      预测值:虹膜锦葵
第9次测试:真实值:虹膜锦葵      预测值:虹膜锦葵
第10次测试:真实值:变色鸢尾     预测值:变色鸢尾
第11次测试:真实值:变色鸢尾     预测值:变色鸢尾
第12次测试:真实值:虹膜锦葵     预测值:虹膜锦葵
第13次测试:真实值:虹膜锦葵     预测值:虹膜锦葵
第14次测试:真实值:虹膜锦葵     预测值:虹膜锦葵
第15次测试:真实值:变色鸢尾     预测值:变色鸢尾
第16次测试:真实值:山鸢尾       预测值:山鸢尾
第17次测试:真实值:虹膜锦葵     预测值:虹膜锦葵
第18次测试:真实值:变色鸢尾     预测值:变色鸢尾
第19次测试:真实值:山鸢尾       预测值:山鸢尾
第20次测试:真实值:变色鸢尾     预测值:变色鸢尾
第21次测试:真实值:虹膜锦葵     预测值:虹膜锦葵
第22次测试:真实值:山鸢尾       预测值:山鸢尾
第23次测试:真实值:变色鸢尾     预测值:变色鸢尾
第24次测试:真实值:虹膜锦葵     预测值:虹膜锦葵
第25次测试:真实值:山鸢尾       预测值:山鸢尾
第26次测试:真实值:山鸢尾       预测值:山鸢尾
第27次测试:真实值:变色鸢尾     预测值:变色鸢尾
第28次测试:真实值:变色鸢尾     预测值:变色鸢尾
第29次测试:真实值:变色鸢尾     预测值:变色鸢尾
第30次测试:真实值:虹膜锦葵     预测值:虹膜锦葵
第31次测试:真实值:变色鸢尾     预测值:变色鸢尾
第32次测试:真实值:变色鸢尾     预测值:变色鸢尾
第33次测试:真实值:变色鸢尾     预测值:虹膜锦葵
第34次测试:真实值:变色鸢尾     预测值:变色鸢尾
第35次测试:真实值:山鸢尾       预测值:山鸢尾
第36次测试:真实值:山鸢尾       预测值:山鸢尾
第37次测试:真实值:变色鸢尾     预测值:变色鸢尾
第38次测试:真实值:山鸢尾       预测值:山鸢尾
准确率： 0.9736842105263158
```

图 1-17　鸢尾花分类程序运行结果

项\目\小\结

本项目演示了 KNN 算法的应用，总结了机器学习常用术语和应用流程，要点包括：KNN 是监督学习的一种，监督学习的数据必须有分类标签，KNN 通过距离判定类别，通过考虑 K 个最近邻的类别，确定待分类数据的类别，其中 K 个最近邻的类别可由"简单多数"原则确定。

在 KNN 算法中，除了日常熟悉的平面和三维空间距离外，又扩展了多维空间的距离，多维空间可以表达事物的多重特征，不同于日常习惯的三维空间，它是一个逻辑的空间。

在事物拥有多重特征时，可以使用归一化（Normalization）方法，平衡特征权值对结果的影响。

拓\展\练\习

1. 写出下面数组"归一化"后的结果。

62,14,24,147,85,36,96,130,144,105,121

2．某购物网站提供了以往购物数据（见表1-5），设计一个方法从网络购物数据判断用户性别。

表1-5 购物网站以往购物数据表

年度购买洗涤制品次数	年度购买音像制品次数	用 户 性 别
15	3	女
10	2	女
5	14	男
18	4	女
3	15	男
4	11	男
5	13	男
2	10	男
14	5	女
11	2	女

Project 2

项目2
朴素贝叶斯应用

项目导入

古人说"一叶知秋",就是说线索与结果之间存在联系,看见落叶就知道秋天要来了,落叶就是判断秋天的线索。在现在的社会中,随着数据量不断增大,数据中蕴藏的线索也不断增多,当多个线索被发现时,意味着某种结果的确认。通过机器学习算法可以从线索中定量地计算出结果发生的可能性大小,从而能够在多个预测中找到更具优势的一个,本项目将介绍利用朴素贝叶斯算法(Native Bayes)来挑选更有可能性的结果。

学习目标

1. 掌握数据分析算法朴素贝叶斯的原理
2. 能够应用朴素贝叶斯算法进行分类
3. 掌握训练集、数据集的分配方法
4. 掌握算法的评价方法

素质目标

培养学生的科技自信,强化责任担当:学生是国家的科技生力军,通过本项目的学习和实践,增强科技自信,努力学习科技知识,了解并关注世界科技发展趋势和国家发展战略需求,厚植爱国情怀,强化责任担当。

思维导图

本项目思维导图如图2-1所示。

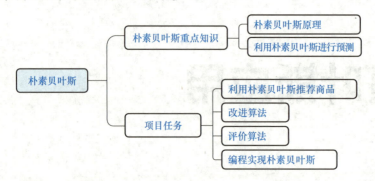

图2-1 项目思维导图

知识准备

1. 朴素贝叶斯原理

扫码看视频

朴素贝叶斯是一种可以利用概率理论的学习方法，通过采用可观测到的已有数据，对未知数据进行预测的算法。

首先来看一个例子，讲述朴素贝叶斯算法如何使用概率来计算事物发生的可能性。

假设有一个如图 2-2 所示的容器，容器中有 5 个质地和大小一样但面值不同的钱币，其中 50 元的钱币 3 个，100 元的钱币 2 个。这时随机从容器中抽取一个钱币，因为 5 个钱币中有 2 个钱币是 100 元面额的钱币，所以取出 1 个 100 元面额的钱币的概率等于 2/5，同理可得，5 个钱币中有 3 个钱币是 50 元面额的纸币，所以取出 1 个 50 元面额钱币的概率等于 3/5。

用数学方式将随机取钱币的过程和结果进行标记，取出 1 个 100 元面额的钱币的概率为 P(100)=2/5，取出 1 个 50 元面额的钱币的概率为 P(50)=3/5，显而易见，取出来不是 100 元就是 50 元的概率 P(100 or 50) 必然等于 1。也就是事物的各种情况的概率之和为 1，这也符合常识。

下面思考图 2-3 所示的情况，如果将容器中的 1 个 50 元面额的钱币和 1 个 100 元面额的钱币染成蓝色，那么如何计算和表达拿到蓝色 50 元钱币的概率呢？

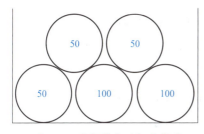
图 2-2 从容器中随机取钱币

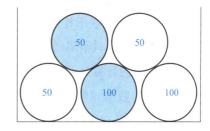
图 2-3 钱币分置两个区域

共有两种计算拿到的是蓝色 50 元面额纸币概率的方法。

第一种计算方法：先计算拿到蓝色钱币的概率 P(蓝)，5 个钱币中有 2 个蓝色的钱币，得出拿到蓝色钱币的概率 P(蓝)=2/5；再计算蓝色钱币中 50 元钱币的概率，也就是拿到蓝色钱币的条件下，而蓝色钱币正好是 50 元面额的概率，容器中共有 2 个蓝色钱币，其中 1 个是 50 元面额钱币，得出从蓝色钱币中，拿到的钱币是 50 元面额的概率 P(50|蓝)=1/2；最后计算拿到蓝色 50 元面额钱币的概率，也就是计算拿到的钱币既是蓝色的，又是 50 元面额的钱币，由此可以得出，拿到蓝色 50 元面额钱币的概率等于拿到蓝色钱币的概率乘以蓝色钱币中 50 元面额钱币的概率，即拿到蓝色 50 元面额钱币的概率 =P(蓝)×P(50|蓝)=1/5。

第二种计算方法：先计算拿到 50 元面额钱币的概率 P(50)，5 个钱币中有 3 个 50 元面额钱币，得出拿到 50 元面额钱币的概率 P(50)=3/5；再计算 50 元面额钱币中蓝色钱币的概率，

也就是拿到 50 元面额钱币的条件下,而 50 元面额钱币正好是蓝色钱币的概率,容器中有 3 个 50 元面额钱币,其中 1 个是蓝色 50 元面额钱币,得出从 50 元面额钱币中,拿到蓝色钱币的概率 P(蓝|50)=1/3;最后计算拿到 50 元蓝色钱币的概率,可以得出,拿到 50 元面额蓝色钱币的概率等于拿到 50 元面额钱币的概率乘以 50 元面额钱币中蓝色钱币的概率,即拿到 50 元面额蓝色钱币的概率 =P(50)×P(蓝|50)=1/5。

两种方法计算出的结果相等,这是因为"50 元面额蓝色钱币"和"蓝色 50 元面额钱币"所代表的含义一致。由此可以得到一个表达式:

$$P(蓝) \times P(50|蓝) = P(50) \times P(蓝|50)$$

将表达式中的 P(蓝) 移动到右侧,得到表达式:

$$P(50|蓝) = P(50) \times P(蓝|50) / P(蓝)$$

将 50 元和蓝色两个条件泛化,变为变量 a 和变量 b,就得到著名的朴素贝叶斯公式:

$$P(a|b) = P(a) \times P(b|a) / P(b) \tag{2-1}$$

2. 利用朴素贝叶斯进行预测

不要被上面例子中的"金钱"和"颜色"限制了思考,其实这里的面额和颜色就是事物的不同(任何)属性。因此,朴素贝叶斯公式可以用于很多预测场景。

例如,今天刮风,预测今天是否会下雨,由朴素贝叶斯公式得出:

$$P(下雨|刮风) = P(下雨)P(刮风|下雨) / P(刮风)$$

这个公式的实际意义在于推测今天是否下雨,可以通过以往一段时间内可观测到的下雨概率、阴天概率和下雨时刮风的概率计算得出。从某种程度说,就是未知的结论(未来)可以通过对以往记录的计算(经验)判断得出。

通过查询记录的数据,可以发现过去一年的 365 天里,有 61 天是下雨的,那么下雨的概率等于下雨的 61 天除以一年总共的 365 天,等于 1/6;过去一年中刮风共计出现 122 天,所以刮风的概率等于 122 除 365,等于 1/3;同理可得,下雨的 61 天中,刮风出现的概率等于 1/2。由此,根据贝叶斯公式,可以得出,今天刮风条件下下雨的概率 P(下雨|刮风)=1/4。

采用上述计算方法,可以根据这一年的记录数据,分别计算出刮风条件下晴天的概率:P(晴天|刮风)、刮风条件下冰雹的概率:P(冰雹|刮风)等,得到表 2-1。

表 2-1 针对一年来的天气记录计算贝叶斯公式的结果

表 达 式	数 值
P(下雨|刮风)	0.25
P(冰雹|刮风)	0.08
P(晴天|刮风)	0.28
P(阴天|刮风)	0.27
……	……

如果一定要从上述结果中选一个结果做天气预报，该选哪一个结果呢？

从多个概率值中，选择最大的概率值，其所对应的天气作为结果，概率值越大，说明越有可能发生，所以根据表2-1中的数据，可以认为刮风时将会是晴天。

至此，已经可以利用贝叶斯原理预测生活中的实际小问题了，例如，根据本月经济数据CPI，判断股市会上涨还是下跌；根据某人的超市交易记录，决定是向他推荐鸡蛋还是啤酒。

当然仅凭一个条件就对很多个问题做出判断实在太武断了，例如，上面例子中计算天气预报结果时，只考虑了刮风这一种情况，考虑的条件过于单一。实际上，决定最终的天气预报结果的因素有很多，还可以参考温度、湿度等条件。朴素贝叶斯公式的好处是可以兼顾很多条件，处理方法是将条件概率简单相乘：

$$P(c|x) = \frac{P(c)\,P(x|c)}{P(x)} = \frac{P(c)}{P(x)} \prod_{i=1}^{d} P(x_i|c) \tag{2-2}$$

式中，$\prod$ 指连续乘法；$P(x)$ 对所有属性相同，所以可以省略。

而朴素贝叶斯用条件概率连乘的方式兼顾很多条件，是基于一个假设条件，即假设各特征之间是相互独立的。这也是朴素贝叶斯名字中"朴素"的含义。

但是想一下，现实中各个条件之间真的能够相互独立吗？上面例子中的天气预报问题，用刮风一个条件来预测天气预报的结果，考虑得不周全，因此要引入其他条件，如温度、湿度等，共同来预测天气预报的结果。在运用朴素贝叶斯来计算结果时，假设刮风、湿度、温度3个条件是互相不干扰的，但这显然是不成立的。那么为什么朴素贝叶斯仍能够取得较好的预测结果呢？

这是因为利用朴素贝叶斯方法进行分类的优势就是能够在诸多猜测结果中给出最优结果，所以需要用argmax函数选取结果中的最大值，那么朴素贝叶斯的最终公式为式2-3，这个结果可作为概率估计值：

$$h_{nb}(x) = \underset{c \in y}{\mathrm{argmax}}\, P(c) \prod_{i=1}^{d} P(x_i|c) \tag{2-3}$$

很多情况下必须做出判断，当几种结果概率估计值都很小的时候，只能取最大的概率估计值作为结果。

工程准备

1. 应用方法：朴素贝叶斯

朴素贝叶斯算法（Native Bayes）是一种利用概率理论的监督学习方法，基于朴素贝叶斯理论，利用可观测到的已经出现的数据，来推测某事件的结果概率。

朴素贝叶斯算法被广泛应用于分类问题中,而朴素贝叶斯分类器是一种简单且有效的常用分类器,可应用于如垃圾邮件过滤、情感分析等。朴素贝叶斯分类器(Naive Bayes Classifier,NBC)发源于古典数学理论,有着坚实的数学基础以及稳定的分类效率。同时NBC模型所需估计的参数很少,对缺失数据不太敏感,算法也比较简单。

朴素贝叶斯方法是在贝叶斯算法的基础上进行了相应的简化,即假定给定目标值时属性之间相互条件独立。也就是说没有哪个属性变量对于决策结果来说占有着较大的比重,也没有哪个属性变量对于决策结果占有着较小的比重。虽然这个简化方式在一定程度上降低了贝叶斯分类算法的分类效果,但是在实际的应用场景中,极大地简化了贝叶斯方法的复杂性。

> **数学家贝叶斯**
>
> 贝叶斯(1701—1761,Thomas Bayes),英国数学家,主要研究概率论。他首先将归纳推理法用于概率论基础理论,并创立了贝叶斯统计理论,对于统计决策函数、统计推断、统计的估算等做出了贡献。1763年由Richard Price整理发表了贝叶斯的成果"An Essay towards solving a Problem in the Doctrine of Chances",对于现代概率论和数理统计都有很重要的作用。贝叶斯的另一著作《机会的学说概论》发表于1758年。贝叶斯所采用的许多术语被沿用至今。
>
> 贝叶斯方法是以贝叶斯原理为基础,使用概率统计的知识对样本数据集进行分类。由于其有着坚实的数学基础,贝叶斯分类算法的误判率是很低的。贝叶斯方法的特点是结合先验概率和后验概率,即避免了只使用先验概率的主观偏见,也避免了单独使用样本信息的过拟合现象。贝叶斯分类算法在数据集较大的情况下表现出较高的准确率,同时算法本身也比较简单。

2. 使用工具:实现朴素贝叶斯算法的工具及编程模块

使用最常见的数据统计工具Excel实现朴素贝叶斯算法。虽然朴素贝叶斯算法可以采用Excel表格计算概率的方式构建,但是每变化一次数据集,就要费时费力地重新计算一次,通用性较差。因此,也将学习如何编程实现朴素贝叶斯的应用。

基于Python开发的第三方机器学习算法库Sklearn提供贝叶斯算法,可以直接将其应用于解决分类问题。值得注意的是,编写程序前要先用pip install scikit-learn命令安装第三方库。

在Sklearn中,一共有3个朴素贝叶斯的分类算法类。分别是GaussianNB,MultinomialNB和BernoulliNB。其中GaussianNB是先验为高斯分布的朴素贝叶斯,MultinomialNB是先验为多项式分布的朴素贝叶斯,而BernoulliNB是先验为伯努利分布的朴素贝叶斯。

项目 2
朴素贝叶斯应用

扫码看视频

任务 1　利用朴素贝叶斯推荐商品

某网站记录了一系列用户的消费行为,记录消费者购买维修工具、杂志、电影票、电子游戏机这些商品与最终推荐给消费者啤酒还是口红之间的关系,如图 2-4 所示,其中 T 表示有此类消费,F 表示无此类消费。以第一条数据为例,表示购买了维修工具和电子游戏机的消费者,应该向消费者推荐啤酒。

图中共有 18 条数据,其中 16 条数据为已标注的数据,取其中的 25% 作为测试数据,其他数据作为训练数据。如图 2-4 所示,深色背景的数据作为训练集,浅色背景的数据作为测试集,使用训练集构建模型并进行测试后,然后利用模型预测两条白色背景的数据,即预测推荐标记。

为了方便统计查看,将训练集的数据拼接显示在一起,如图 2-5 所示。

数据序号	推荐标记	消费记录			
		维修工具	杂志	电影票	电子游戏机
1	啤酒	T	F	F	T
2	啤酒	F	F	T	F
3	啤酒	T	T	F	T
4	啤酒	F	F	T	T
5	啤酒	T	F	T	F
6	啤酒	T	F	F	T
7	啤酒	F	F	F	T
8	啤酒	T	F	F	F
9	口红	F	T	T	F
10	口红	F	T	F	F
11	口红	F	T	F	F
12	口红	T	F	T	F
13	口红	F	T	T	F
14	口红	F	F	T	F
15	口红	F	T	F	F
16	口红	F	T	F	T
17	?	F	T	F	F
18	?	T	T	F	T

图 2-4　消费行为数据

数据序号	推荐标记	消费记录			
		维修工具	杂志	电影票	电子游戏机
1	啤酒	T	F	F	T
2	啤酒	F	F	T	F
3	啤酒	T	T	F	T
4	啤酒	F	F	T	T
5	啤酒	T	F	T	F
6	啤酒	T	F	F	T
11	口红	F	T	F	F
12	口红	T	F	T	F
13	口红	F	T	T	F
14	口红	F	F	T	F
15	口红	F	T	F	F
16	口红	F	T	F	T

图 2-5　消费行为数据的训练集

图 2-5 中的训练集共有 12 条数据,其中推荐啤酒的数据有 6 条,所以啤酒分类的概率为 0.5,记为 P(b)=0.5;推荐口红的数据有 6 条,同理,口红分类的概率为 0.5,记为 P(l)=0.5。

以啤酒分类的数据作为例子,详细讲解所涉及的条件概率如何计算。这里需要运用一个巧妙的数据处理方法,即将 T 替换成 1,F 替换成 0,这样清点统计条目数量时可以运用简单的求和运算,能大大减少"清点统计"的工作量。

如图 2-6 所示，"C8"单元格使用 Excel 表格中的 SUM 函数，可以得出啤酒分类中共有几位消费者购买了维修工具。同理也可得出购买其他商品的情况。

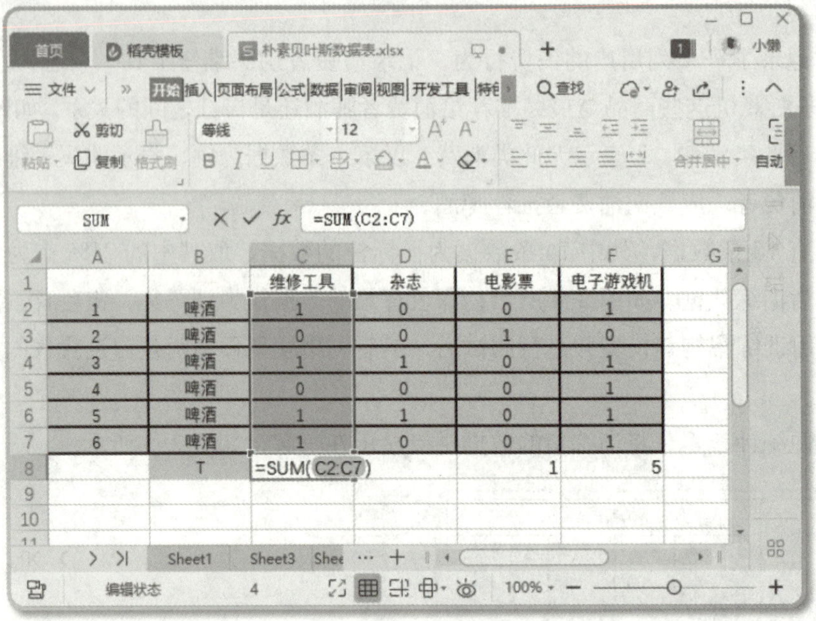

图 2-6　统计啤酒标记的训练集数据的情况

如图 2-7 所示，"C9"单元格利用 AVERAGE 函数求每一列数据的平均值，这就是将求概率转换成求该列的平均值。"C9"单元格的内容表示推荐啤酒的条件下，购买了维修工具的概率。同理，可以求出其他商品的条件概率。

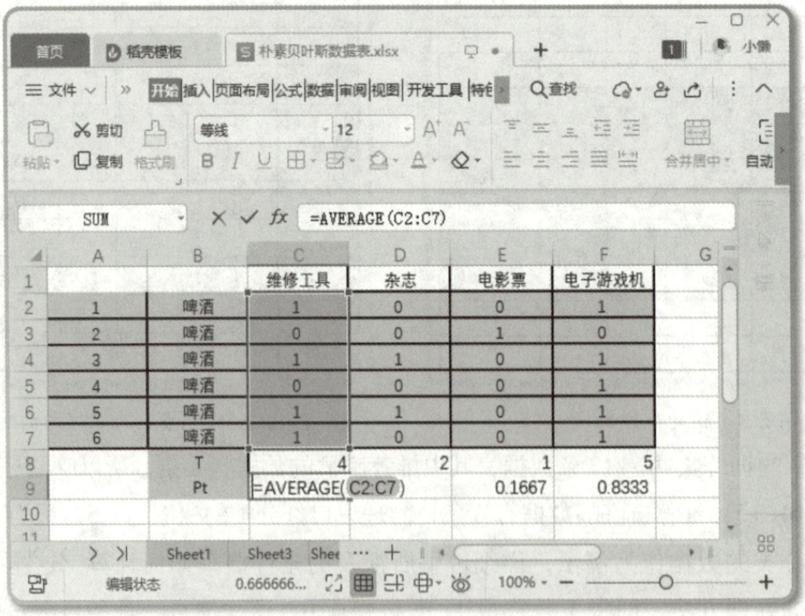

图 2-7　利用 AVERAGE 函数求条件概率 Pt

利用 Excel 中的函数省去了手工清点的过程，可以处理大量的数据，在统计其他商品的情况时，也可以利用 Excel 表格中的拖拽功能，完成其他数据的计算，如图 2-7 中 "E9"、"F9" 单元格所示。

由于 1 和 0 表示买和不买，它们是相反的行为，那么购买某商品的条件概率和不购买某商品的条件概率的和等于 1。由此可以利用简单的加减法得出，推荐啤酒的条件下，不购买维修工具的概率，同理可得其他商品的条件概率，如图 2-8 中第 10 行所示。

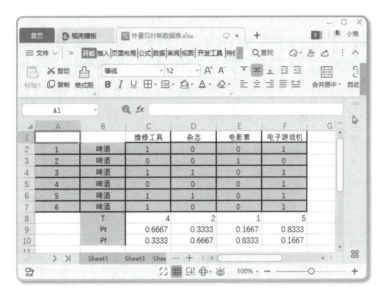

图 2-8　求条件概率 Pf

经过计算，可以得出购买啤酒的用户，购买其他商品的条件概率，如图 2-9 所示。

购买啤酒用户的其他采购行为	概率表示	概率值(T)	概率值(F)
购买维修工具（tools）	P(t|b)	0.6667	0.3333
购买杂志（magazine）	P(m|b)	0.3333	0.6667
购买电影票（film）	P(f|b)	0.1667	0.8333
购买电子游戏机（electronic games）	P(e|b)	0.8333	0.1667

图 2-9　啤酒分类的条件概率

同理，可以计算得出训练集中购买口红的用户，购买其他商品的条件概率，如图 2-10 所示。

购买口红用户的其他采购行为	概率表示	概率值(T)	概率值(F)
购买维修工具（tools）	P(t|l)	0.1667	0.8333
购买杂志（magazine）	P(m|l)	0.5	0.5
购买电影票（film）	P(f|l)	0.8333	0.1667
购买电子游戏机（electronic games）	P(e|l)	0.3333	0.6667

图 2-10　口红分类的条件概率

至此，已经知道啤酒分类的概率、口红分类的概率，以及对应不同分类结果下的条件概率，这就意味着，朴素贝叶斯模型已经建立成功了。

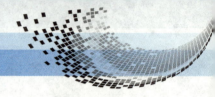

接下来，利用测试集的数据，对模型的预测结果进行检验，测试集如图 2-11 所示。

图 2-11　消费行为数据的测试集

以第 7 条数据为例，已知第 7 位用户的购买行为是"F、F、F、T"，分别求推荐啤酒的概率和推荐口红的概率。

推荐啤酒的概率等于啤酒概率与各特征条件概率的乘积。也就是，推荐啤酒的概率等于啤酒概率乘推荐啤酒的条件下未购买维修工具的概率，乘推荐啤酒的条件下未购买杂志的概率，再乘推荐啤酒的条件下未购买电影票的概率，最后乘推荐啤酒的条件下购买电子游戏机的概率，如图 2-12 中圆圈标记的概率值。

购买啤酒用户的其他采购行为	概率表示	概率值(T)	概率值(F)
购买维修工具（tools）	P(t|b)	0.6667	0.3333
购买杂志（magazine）	P(m|b)	0.3333	0.6667
购买电影票（film）	P(f|b)	0.1667	0.8333
购买电子游戏机（electronic games）	P(e|b)	0.8333	0.1667

图 2-12　参与计算的数据（一）

计算推荐啤酒的概率：

P(b|data7)=P(b)×P(t|b)×P(m|b)×P(l|b)×P(e|b)=0.5×0.3333×0.6667×0.8333×0.8333=0.0771

经计算得出，推荐啤酒的概率等于 0.0771。

同理，在已知第 7 位用户购买行为的条件下，采用图 2-13 中圆圈标记的概率值，可以得出推荐口红的概率等于 0.0116。

购买口红用户的其他采购行为	概率表示	概率值(T)	概率值(F)
购买维修工具（tools）	P(t|l)	0.1667	0.8333
购买杂志（magazine）	P(m|l)	0.5	0.5
购买电影票（film）	P(f|l)	0.8333	0.1667
购买电子游戏机（electronic games）	P(e|l)	0.3333	0.6667

图 2-13　参与计算的数据（二）

选择相对而言，最有可能发生的结果作为最终的预测结果，也就是选择概率最大的啤酒分类作为最终的预测结果。

对比图 2-11 中第 7 条数据的预先标记结果"啤酒"，预测的结果与其相同，说明预测准确。

同理，对测试集中的第 8、9、10 三条数据依次计算，得到结果如图 2-14 所示。

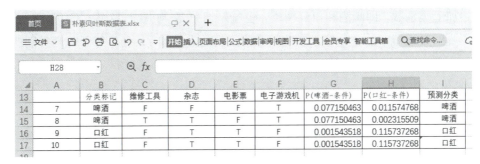

图 2-14 测试集数据的预测结果

可以看出，测试集的预测取得 100% 的正确率，说明该模型性能良好，可以用于处理未知数据。读者可以自行计算图 2-4 中的数据 17 和数据 18。

任务 2 改进算法

显而易见，贝叶斯算法简单实用，同时可用于解决多分类问题，但是贝叶斯算法对数据的准备方式比较敏感，下面具体讲解贝叶斯算法有哪些地方可以改进。

现假设购买啤酒的用户全部都购买了维修工具，那么推荐啤酒的条件下，购买维修工具的概率为 1，未购买工具的概率为 0，如图 2-15 所示。

购买啤酒用户的其他采购行为	概率表示	概率值(T)	概率值(F)
购买维修工具（tools）	P(t|b)	0.6667 1	0.3333 0
购买杂志（magazine）	P(m|b)	0.3333	0.6667
购买电影票（film）	P(f|b)	0.1667	0.8333
购买电子游戏机（electronic games）	P(e|b)	0.8333	0.1667

图 2-15 变化后的条件概率

那么，推荐啤酒的概率 p(b|data7)=0.5×0×0.6667×0.8333×0.8333 = 0

由于贝叶斯公式的连乘形式，某特征出现 0 值时，会将其他特征的作用一并消除，计算得出，在已知第 7 位用户购买行为的条件下，推荐啤酒的概率等于 0，而推荐口红的概率没有变化，仍是 0.0116。根据选取预测结果的原则，即选取概率值较大的结果作为预测结果，得出的结论是，推荐口红。这个结论显然和测试集中已预先标记的结果不符，是错误的结论。

因此，为了避免某一特征的条件概率为 0，从而影响了其他特征的作用效果，导致错误结果的情况，引入一种方法，叫作"平滑计算"，而拉普拉斯平滑就是一种常用的平滑方式。该方法很简单，就是在计算概率时分子递增 1，而分母加上训练集总的分类数，这样就可以保证在偏差不大的情况下，去除了 0 值的问题。

在上一任务中，利用平均函数求取购买维修工具的条件概率，引入拉普拉斯平滑后，如图 2-16 中 "C9" 单元格所示，分子等于购买了维修工具的人数加 1，分母等于啤酒类别的数据量加上类别数，即啤酒和口红两类，也就是加上 2；如图 2-17 中“C10”单元格所示，不购买工具的条件概率的分子等于不购买维修工具的人数加 1，分母等于啤酒类别的数据量加上 2。同理，可以得出其他特征的条件概率。

	A	B	C	D	E	F
1			维修工具	杂志	电影票	电子游戏机
2	1	啤酒	1	0	0	1
3	2	啤酒	0	0	1	0
4	3	啤酒	1	1	0	1
5	4	啤酒	0	0	0	1
6	5	啤酒	1	1	0	1
7	6	啤酒	1	0	0	1
8		T	4	2	1	5
9		Pt	=(C8+1)/(6+2)		0.2500	0.7500
10		Pf	0.3750	0.6250	0.7500	0.2500

图 2-16 引入拉普拉斯平滑后的条件概率 Pt

	A	B	C	D	E	F
1			维修工具	杂志	电影票	电子游戏机
2	1	啤酒	1	0	0	1
3	2	啤酒	0	0	1	0
4	3	啤酒	1	1	0	1
5	4	啤酒	0	0	0	1
6	5	啤酒	1	1	0	1
7	6	啤酒	1	0	0	1
8		T	4	2	1	5
9		Pt	0.6250	0.3750	0.2500	0.7500
10		Pf	=(6-C8+1)/(6+2)		0.7500	0.2500

图 2-17 引入拉普拉斯平滑后的条件概率 Pf

可以发现，引入拉普拉斯平滑后，条件概率的值与未引入平滑时的值相差不大，却完美避免了等于 0 的情况，如图 2-18 所示。

	A	B	C	D	E	F
1			维修工具	杂志	电影票	电子游戏机
2	1	啤酒	1	0	0	1
3	2	啤酒	0	0	1	0
4	3	啤酒	1	1	0	1
5	4	啤酒	0	0	0	1
6	5	啤酒	1	1	0	1
7	6	啤酒	1	0	0	1
8		T	4	2	1	5
9	未引入平滑	Pt	0.6667	0.3333	0.1667	0.8333
10		Pf	0.3333	0.6667	0.8333	0.1667
11	拉普拉斯平滑	Pt	0.6250	0.3750	0.2500	0.7500
12		Pf	0.3750	0.6250	0.7500	0.2500

图 2-18 条件概率值对比

除了上述的“0”值情况外，还有一种情况是极有可能产生的：由于概率值必定不大于 1，如果在属性较多的情况下，运用贝叶斯算法时会产生多个小于 1 的小数相乘的现象，那么最终结果将会趋向于 0，而计算机大多数情况下最多只能分辨 16 位有效数字。为了解决这个问题，需要用到对数知识：相乘可以表达为取对数相加，这样就可以避免结果趋于 0 的问题。

任务 3 评价算法

在利用机器学习算法解决问题时,总是不可避免地涉及数据集的划分,而训练集和测试集的选取,将会对算法的构建和评价产生很大影响。

针对图 2-4 的数据,假设不是采用深色背景的数据作为训练集,浅色背景的数据作为测试集,而是选择数据 1～13 作为训练集,数据 8～11 作为测试集,如图 2-19 所示。那么数据训练集中的"口红"类数据要少于"啤酒"类数据,覆盖是不均匀的,这就有可能会导致某些属性的统计偏差,从而导致预测模型也产生偏差,预测结果可能也会产生偏差。而在测试集中,啤酒类数据较少,覆盖不够,也会导致啤酒类数据的性能测试有所欠缺。

数据序号	推荐标记	消费记录			
		维修工具	杂志	电影票	电子游戏机
1	啤酒	T	F	F	T
2	啤酒	F	F	T	F
3	啤酒	T	T	F	T
4	啤酒	F	F	F	F
5	啤酒	T	T	F	T
6	啤酒	T	F	T	T
7	啤酒	F	T	T	F
8	啤酒	T	T	T	F
9	口红	F	T	T	F
10	口红	F	T	T	F
11	口红	F	T	T	F
12	口红	T	F	T	F
13	口红	F	T	T	F
14	口红	F	F	T	F
15	口红	F	T	T	F
16	口红	F	T	T	F
17	?	F	T	F	F
18	?	F	T	T	F

图 2-19 有偏差的数据集选取

因此,在数据集选取的过程中要尽量做到"均匀覆盖"。无论是训练集还是测试集,都应该保证数据属性的均匀,最好能够覆盖到所有类型的所有数据。

图 2-4 中使用的数据集中,训练集和测试集加起来只有 16 条数据,数据量有些小,如果能够扩大数据量,也能够降低偏差。

扩大数据集是消除偏差最有效的方法,小数据集虽然训练计算时间快,但是容易导致片面强调某些属性,或者遗漏某些属性,样本的特殊性将传递给模型,导致模型在预测时产生偏差,这就是过拟合现象。所谓过拟合是指对现有样本数量训练强度过大,导致模型用"训练集的特殊性"代替了现实世界的普遍性,虽然能够在"测试集"上表现优异,但是模型不能够广泛使用,一旦广泛使用,性能下降严重。

例如,利用计算机图像识别技术识别树叶,提供给模型的数据都是图 2-20 中左边的绿色叶子,模型训练后在测试集上也表现良好,但是如果将该模型推广,却不能够识别"香山红叶"这样色彩斑斓的叶子,不具有泛化能力。

图 2-20　绿色树叶数据集与红叶的对比

另外,在选取训练集和测试集时,分配的原则是尽量不相交,这是因为预测已经参与训练的数据,相当于预测已知答案的数据,这是没有意义的。所以要保证训练集和测试集是两个互斥的集合。

训练集和测试集应该各占数据集的多少比例合适呢?

如果一味地将训练集增大,必然会使得训练的模型与数据集更匹配,但也意味着测试集减小,这就会导致测试不够充分。一般情况下,取三分之二到五分之四的数据作为训练集,其余作为测试集。

在数据集设置方面,有一个方法叫作 k 折交叉验证法,它是将数据分成 k 个不交叉的集合,每次用 k-1 个集合作为训练集,剩下的 1 份数据

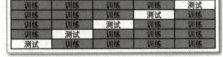

图 2-21　k 折交叉验证法

作为测试集。如图 2-21 所示,数据集总共分成 5 份,第一次取前 4 份作为训练集,第 5 份作为测试集;第二次取第 4 份作为测试集,其余作为训练集;第三次取第 3 份作为测试集;依次类推,以 5 次训练测试结果的平均值作为模型的性能。

模型性能的评价也是一个重要的问题。可以从两个方面来评价,一方面是准确性,另一方面是全面性。

例如,现在有家公司检测网络环境中安全问题,总共发现了 10 个问题,经核查,发现其中 9 个确实是安全问题,那么这个预测模型的准确率等于确定是安全问题的数目 9 除以模型发现的问题总数 10,也就是 90%。

那么如何能够提高准确率呢?让模型只有发现百分百确定是安全问题时才报告。假设模型百分百确认是安全问题的数目是 5 个,只报告了 5 个安全问题,如果这 5 个安全问题又确实是安全问题,那么此时的准确率是 100%。

但是很明显,上一次发现的 10 个问题中,9 个确实是安全问题,这次却只发现 5 个问题,

那么至少还有 4 个安全问题没有被发现。

准确率并不能完全描述性能，在类似的问题中是否所有的安全问题都被找到？这种描述全面性的能力，被称为“召回率”，即找到问题个数与实际问题个数的比值。

为了提高召回率，可以“捕风捉影”。假设上述例子中，实际上确实有安全问题的数目是 10，极端情况下把所有待定问题都确认为有问题，报告了 20 个问题，且这 20 个问题完全覆盖所有的安全问题，一个没有漏下，这时的召回率高达 100%。但是很显然，准确率只有 50%。

所以，准确率和召回率是一对矛盾的概念，是从两个不同角度反映了预测模型的性能。用户根据实际问题的需要，自行选择模型要侧重哪一种评价方式。例如，在安全、医疗等类型的问题中，注重不能放过任何疑点，就要强调较高的召回率；如果用模型预测哪只股票会赚钱，为了避免不必要的损失，那么就要强调准确率。

如图 2-22 所示，召回率和准确率的计算方法是：召回率等于模型预测到的正确样本数除以正确样本总数；准确率等于模型预测到的正确样本除以模型预测到的全部样本数。

从样本角度考虑正确率：

从预测角度考虑召回率：

	正确样本	偏差样本
预测到	预测到的正确样本：A	预测到的偏差样本：B
未预测到	未预测到的正确样本：D	未预测到的偏差样本：C

召回率：R=A/(A+D)

准确率：P=A/(A+B)

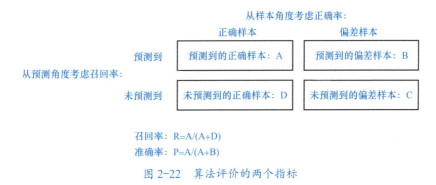

图 2-22　算法评价的两个指标

任务 4　编程实现朴素贝叶斯

虽然朴素贝叶斯算法可以采用 Excel 表格计算概率的方式构建模型，但是数据集每变化一次，就要费力重新计算一次，通用性较差。编程实现朴素贝叶斯则可以解决这个问题，只要规定好数据集的格式，贝叶斯模型构建的代码就可以复用。

首先进行数据预处理，用 0、1 替换 F、T，并用 0 表示啤酒类别，用 1 表示口红类别，图 2-4 中数据转换成图 2-23 所示的数据，并将数据保存在文件 beer_lipstick.csv 中。文件 beer_lipstick.csv 的前四列分别表示购买维修工具、杂志、电影票、电子游戏机的情况，第五列是推荐标记。

图 2-23　文件 beer_lipstick.csv

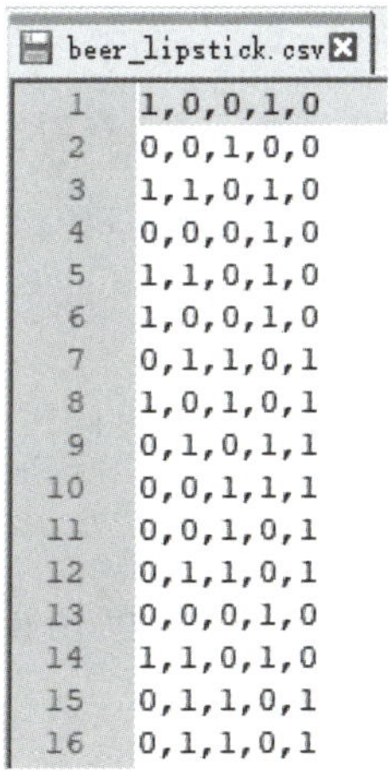

导入第三方库 Sklearn 中的 GaussianNB：

```
from sklearn.naive_bayes import GaussianNB
```

读取文件 beer_lipstick.csv：

```
of = open('beer_lipstick.csv', 'r')
```

逐行读取数据，将前四列商品的购买情况数据存入 data1 中，第五列的推荐标记存入 data2 中：

```
data1 = []
data2 = []
for line in of:
    li_t = line.split(',')
    data1.append([int(li_t[0]), int(li_t[1]), int(li_t[2]), int(li_t[3])])
    data2.append(int(li_t[4]))
```

取全部标记数据的 75% 作为训练集，25% 作为测试集，这符合训练集和测试集的划分原则。同时，为了与任务 1 中的数据划分结果相同，也将数据的顺序进行了调整，如图 2-23 中 13～16 行代表图 2-4 中 7～10 行数据。将商品购买情况数据存放在 train_x、test_x 中，推荐标记数据存放在 train_y、test_y 中。

```
cou = int(len(data1)*0.75)
train_x = data1[:cou]
test_x = data1[cou:]
train_y = data2[:cou]
test_y = data2[cou:]
```

建模，获得建模结果存放在 fit1 中：

```
gnb = GaussianNB()
fit1 = gnb.fit(train_x, train_y)
```

对测试集进行预测，并查看预测结果：

```
pre = gnb.predict(test_x)
print(pre)
```

利用函数 score 查看模型预测结果的准确率：

```
acc_score = gnb.score(test_x, test_y)
print(acc_score)
```

运行结果：

```
[0 0 1 1]
1.0
```

可以发现，结果 [0 0 1 1] 与图 2-23 中 13～16 行的最后一列相同，这和使用 Excel 表建模后预测的结果一致。而计算得出 acc_score 等于 1.0，其代表的是测试集的预测结果正确率为 100%。

项目小结

朴素贝叶斯算法是一种利用概率理论的监督学习方法,通过朴素贝叶斯理论,可以利用可观测到的已经出现的数据,推测某事件的结果概率。

朴素贝叶斯算法的流程图如图 2-24 所示。

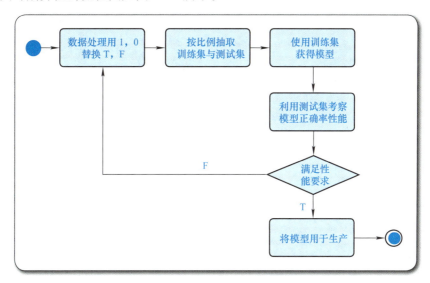

图 2-24 朴素贝叶斯算法的流程图

第 1 步:数据处理,用 0、1 替换 F、T,便于统计数据。

第 2 步:将数据集按比例划分成训练集、测试集,需要考虑训练样本的均衡以及测试样本的普遍性。

第 3 步:用训练集训练朴素贝叶斯模型,即计算所有相关概率得到贝叶斯模型。

第 4 步:用测试集测试模型的性能,计算正确率、召回率。

第 5 步:如果此时模型已经能够满足需求了,就可以用于生产,即在未知数据上使用模型获得预测结果;如果觉得性能还有待提高,可以从以上 4 个步骤逐个步骤改进。

拓展练习

编程题

利用公开数据集鸢尾花数据集,采用朴素贝叶斯模型实现鸢尾花的品种预测。数据集中鸢尾花有 3 个品种:setosa、versicolor、virginnica。

鸢尾花的数据构成:花瓣的长度和宽度、花萼的长度和宽度,所有测量结果都以厘米(cm)为单位。

Project 3

项目3
决策树应用

项目导入

在有多种选择以及有多层次选择时，很多人就茫然了，因为考虑的先后次序、条件的因果关系，让人无从下手。能否设计一个机器，让人工智能替人们完成抉择呢？这就是决策树方法。在人工智能应用中，决策树方法因原理简单、易于理解而被广泛应用。例如，在确定电视机质量时，可以先看外观是否合格，然后观察图像，接着听听声音，这样就是一个三级决策，每级都有"是、否"两个结果，画出图来是一棵简单的树，所以被称为决策树。道理很好理解，但是问题来了，换个方式决策会有更高的效率吗？例如，先检测电视机图像，然后检测外观和声音会怎样？本项目将提供一种建立正确"决策树"的方法。

学习目标

1. 掌握决策树算法的原理
2. 能够理解信息熵让决策最有效率
3. 能够用决策树实现信用卡审批系统
4. 能够处理数据瑕疵

素质目标

培养学生的诚信精神：待人以诚、取信于人，诚以养德、信以立身，在项目学习实践过程中，在进行数据分析处理时，实事求是，尊重事实。无论是在工作还是生活中，诚实守信，始终如一、持之以恒、在家国天下的情怀中具有深沉的责任担当。

思维导图

本项目思维导图如图3-1所示。

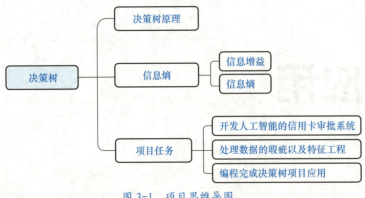

图 3-1　项目思维导图

项目 3
决策树应用

知识准备

扫码看视频

1．什么是决策树

当人们在做一件事情，或者做一个决定的时候，影响人们判断的因素有很多。如果因素只有一个，当然很好判断，但是如果有很多因素的时候，怎么去做判断？例如，判断电视机质量，按照逻辑就是选择一个属性进行判断，如先看外观，外观有没有损坏，如果损坏就是质量不合格，如果没有损坏，则再来看电视机的图像，如果图像没有损坏则再去看声音，得到最终决策：这台电视机的质量是否合格。

从这个例子可以发现，在做判断时会有一个逻辑，这个逻辑与决策树的逻辑很相似，那就是自上而下先找到最重要的属性去分类，如果得到的结果不能再分，就把这个结果作为一个叶子结点，如果还能再分，就再使用剩余的最重要的属性去做判断，循环往复就得到了决策树。

决策树是一种分类方法，或叫作分类器。它是一个树的结构，包含一个根结点，若干个内部结点，若干个叶结点。根结点就是样本全集，而内部结点则对应于一个属性的测试，叶结点则是决策的结果。从根结点到每个叶结点的路径就对应了一个判定测试的序列。例如判断电视机质量的例子，就有这样的 4 个路径。

2．如何决策最有效率——信息熵

如何正确决策并最有效率，可以理解为怎样划分信息，或怎样使不明确的信息更明确，例如，透过纷繁的信息，抽丝剥茧，最终水落石出。这个问题一直是被形容性地描写，如"言简意赅""清楚明白"，而从没被人精确地利用数学公式表述过，直到香农的出现，才解决了这个问题。

克劳德·艾尔伍德·香农是美国数学家、信息论的创始人。1948 年，香农发表文章系统论述了信息的定义，怎样数量化信息，怎样更好地对信息进行编码。同时他提出了信息熵的概念，用于衡量信息的不确定性。

香农首先提出衡量信息清晰程度的概念——**信息熵**（后人也称为香农熵），在信息熵这个概念提出之前，大家只能说"没准儿""可能""靠谱""十有八九"，而利用"信息熵"就可以用公式计算出数据精确表达信息的确切程度。信息确切之后，决策就会有坚实的依据。

先来了解一下信息增益这个概念，既然香农能够把信息精确表示，那么就可以计算出信息的增益。在数据集划分的前后信息是有变化的，而且变化得越来越清晰，那这时候就认为信息产生了增益。也就是说，划分数据前后信息发生的变化就是信息增益。

那如何决策才最有效率呢？当然是信息增益越大越好，所以可以通过计算每个属性划分数据集获得的信息增益来选择下一个划分的属性。也就是说，计算出属性 1 和属性 2 的信息增益，然后比较大小，选择那个信息增益大的属性来进行接下来的划分。这又提出了一个新问题——如何计算信息增益?这就用到刚刚讲的信息熵。

那么什么是信息熵呢?"可能性"难道不应该用概率表达吗?"信息熵"和概率有关但不同,概率是事物(信息)某个结论的可能性,而信息熵不关心个别结果,它关心事物(信息)的明确程度。

信息熵可以理解为信息的期望值,在数学中期望就是均值的意思,那信息熵就是信息的均值。那香农理论如何给信息熵来精确定义的呢?首先要给信息定义。

如果 x_i 是分类,则 x_i 的信息定义为:

$$l(x_i) = -\log_2 p(x_i)$$

式中,$p(x_i)$ 是选择该分类的概率,即 x_i 概率的对数值再取相反数。

信息熵或信息的期望,也就是信息的均值,表达式为:

$$E(X) = -\sum_{i=1}^{n} p(x_i) \log_2 p(x_i) \tag{3-1}$$

从这个式 3-1 可以看出,其实信息熵就是 x_i 的信息与概率乘积之和。

下面通过一个例子来理解信息熵的概念。

例:某届亚洲杯足球赛,8 强夺冠的概率见表 3-1。

表 3-1　某届亚洲杯预测 8 强夺冠概率

中国	日本	卡塔尔	阿曼	朝鲜	韩国	阿联酋	科威特
0.225	0.025	0.15	0.065	0.185	0.2	0.125	0.025

进入 4 强后各队夺冠的概率见表 3-2。

表 3-2　某届亚洲杯预测 4 强夺冠概率

中国	日本	卡塔尔	阿曼
0.5	0.25	0.05	0.2

这时的问题并不是猜测哪个队更容易夺得冠军,而是在 8 强产生的时候还是在 4 强产生的时候更容易推断冠军归属呢?体彩公司很关心此类问题,因为对难猜的结果设立更多的奖金才对,如果对简单的问题设立较多的奖金就会造成很大损失。

另一个问题,假设这届亚洲杯足球赛 4 强的夺冠概率从表 3-2 变为势均力敌,即 4 支队伍各有 25% 的概率夺冠,那么体彩公司应该设立较大的奖金池还是缩小奖金池?这些决策都可以通过计算信息熵来解决。

这里有 8 支队伍,每个队伍夺冠的概率已经列出来了,只要代入即可,就可以得到 8 支队伍的信息熵:

$$\begin{aligned} E(X) &= -\sum_{i=1}^{n} p(x_i) \log_2 p(x_i) \\ &= -(p(x_1) \cdot \log_2 p(x_1) + p(x_2) \cdot \log_2 p(x_2) + \cdots + p(x_8) \cdot \log_2 p(x_8)) \\ &= -(0.225 \cdot \log_2 0.225 + 0.025 \cdot \log_2 0.025 + \cdots + 0.025 \cdot \log_2 0.025) \\ &\approx 2.7069 \end{aligned}$$

按信息熵的公式,4 支队伍的信息熵计算如下:

$$E(X) = -\sum_{i=1}^{n} p(x_i) \log_2 p(x_i)$$
$$= -(p(x_1) \cdot \log_2 p(x_1) + p(x_2) \cdot \log_2 p(x_2) + \cdots + p(x_4) \cdot \log_2 p(x_4))$$
$$= -(0.5 \cdot \log_2 0.5 + 0.25 \cdot \log_2 0.25 + 0.05 \cdot \log_2 0.05 + 0.2 \cdot \log_2 0.2)$$
$$\approx 1.6805$$

4支队伍的信息熵更低,这意味着4支队伍更易推测冠军归属(猜中的人会更多)。

4强夺冠率变化后(夺冠概率相同),信息熵计算变成:

$$E(X) = -\sum_{i=1}^{n} p(x_i) \log_2 p(x_i)$$
$$= -(p(x_1) \cdot \log_2 p(x_1) + p(x_2) \cdot \log_2 p(x_2) + \cdots + p(x_4) \cdot \log_2 p(x_4))$$
$$= -(0.25 \cdot \log_2 0.25 + 0.25 \cdot \log_2 0.25 + 0.25 \cdot \log_2 0.25 + 0.25 \cdot \log_2 0.25)$$
$$= 2$$

从熵值升高得知,推断冠军是哪支队伍变得更难了,这个结果也符合人们的认知,势均力敌的比赛结果不好猜测,但是水平相差悬殊的比赛就容易猜出胜利者。基于越难的预测参与者越少考虑,体彩公司可以增大奖金池,吸引参与者。从这个案例可以体会信息熵的作用以及信息熵和概率的联系。

结论:一个系统越有序(即信息越明确),信息熵就越低;越混淆,信息熵就越高,反之也成立。

那么人工智能领域应该如何决策呢?

考虑香农的理论,决策当然应该使信息熵越来越小,即信息变得越来越"明朗"。那么信息熵降低的过程就是系统有序的过程,这样就清楚了在决策中怎样是最有效率的,就是信息熵减少得越多越好。

那么信息增益的公式就是决策前的信息熵减去决策后的信息熵。如果要计算信息增益就要先计算决策前的信息熵,还要计算决策后的信息熵。

即:

$$\text{Gain}(D, x_i) = E(X) - \sum_{i=1}^{n} \left(\frac{|x_i|}{|X|} \right) E(x_i)$$

既然信息熵描述的是信息明确性,信息越明确信息熵就越低,反之信息熵就越高,那么好的决策就会让信息熵下降得更快。

工程准备

1. 应用方法:决策树

决策树(Decision Tree)是在已知各种情况发生概率的基础上,通过构成决策树来求取净现值的期望值大于或等于零的概率、评价项目风险、判断其可行性的决策分析方法,是直观运用概率分析的一种图解法。由于这种决策分支画成图形很像一棵树的枝干,故称决策树。在机器学习中,决策树是一个预测模型,它代表的是对象属性与对象值之间的一种映射关系。

ID3 算法是一种贪心算法,用来构造决策树。ID3 算法起源于概念学习系统(CLS),以信息熵的下降速度为选取测试属性的标准,即在每个结点选取还尚未被用来划分的具有最高信息增益的属性作为划分标准,然后继续这个过程,直到生成的决策树能完美分类训练样例。

决策树是一种树形结构,其中每个内部结点表示一个属性上的测试,每个分支代表一个测试输出,每个叶结点代表一种类别。

决策树是一种十分常用的分类方法。它是一种监督学习,所谓监督学习就是给定一堆样本,每个样本都有一组属性和一个类别,这些类别是事先确定的,通过学习得到一个分类器,这个分类器能够对新出现的对象给出正确的分类。这样的机器学习就被称为监督学习。

一个决策树包含三种类型的结点:1)决策结点:通常用矩形框来表示;2)机会结点:通常用圆圈来表示;3)终结点:通常用三角形来表示。

> **决策树的发展历史**
>
> 决策树算法是最早的机器学习算法之一。早在 1966 年,Hunt、Marin 和 Stone 提出的 CLS 学习系统就有了决策树算法的概念。但到了 1979 年,J.R.Quinlan 才给出了 ID3 算法的原型,算法的核心是信息熵。1983 年和 1986 年,他对 ID3 算法进行了总结和简化,正式确立了决策树学习的理论。从机器学习的角度来看,这是决策树算法的起点。到 1986 年,Schlimmer 和 Fisher 对 ID3 进行改造,在每个可能的决策树结点创建缓冲区,使决策树可以递增式生成,得到 ID4 算法。1988 年,Utgoff 在 ID4 基础上提出了 ID5 学习算法,它允许通过修改决策树来增加新的训练实例,而无需重建决策树,进一步提高了效率。1993 年,Quinlan 进一步发展了 ID3 算法,改进成 C4.5 算法,成为机器学习的十大算法之一。
>
> ID3 的另一个分支是分类回归决策树算法(Classification And Regression Tree,CART),与 C4.5 不同的是,CART 的决策树主要用于预测,这样决策树理论完整地覆盖了机器学习中分类和回归两个领域。
>
> 另一类决策树算法为 CART,与 C4.5 不同的是,CART 的决策树由二元逻辑问题生成,每个树结点只有两个分枝,分别包括学习实例的正例与反例。

2. 使用工具:NumPy 和 Sklearn 模块

(1) NumPy 模块

(2) Sklearn 模块

Sklearn 中的决策树都在"tree"这个模块之下,这个模块共包括 5 个类,见表 3-3。

表 3-3　Sklearn 中决策树模块类别

类	说明
tree.DecisionTreeClassifier	分类树
tree.DecisionTreeRegressor	回归树
tree.export_graphviz	将生成的决策树导出为 DOT 格式,画图专用
tree.ExtraTreeClassifier	高随机版本的分类树
tree.ExtraTreeRegressor	高随机版本的回归树

编写程序前要先用"pip install scikit-learn"命令安装第三方库。

Sklearn 的基本建模流程如图 3-2 所示。

图 3-2 Sklearn 的基本建模流程

任务 1 开发人工智能的信用卡审批系统

扫码看视频

AI 银行要求为其开发一套人工智能系统,当用户在线申请信用卡时,可以自动回复是否批准用户的申请。为此银行提供了以往的信用卡申请与审批记录,从中整理出的训练数据,见表 3-4。

表 3-4 信用卡申请系统的训练数据

客户 ID	是否拥有房产	婚姻情况	是否有未还贷款	是否被批准发放信用卡
1	否	单身	是	否
2	否	单身	否	是
3	是	单身	否	是
4	是	离婚	是	是
5	否	已婚	否	是
6	否	已婚	否	是
7	否	已婚	是	否
8	否	已婚	否	是
9	是	已婚	否	是
10	否	离婚	否	否

首先将本任务所有数据看作一个结点,按最终的发放信用卡的分类标记计算其信息熵,有 7 条正向记录(被批准),3 条反向记录(被拒绝):

$$P_{正例}=7/10=0.7$$

$$P_{负例}=3/10=0.3$$

$$E(X)=-(0.7\times \log_2 0.7+0.3\times \log_2 0.3)=0.8813$$

观察"拥有房产""婚姻状况"和"未还贷款"这 3 个属性,需要逐一计算每种属性的信息熵。例如先计算"拥有房产"属性的信息熵,可以用表 3-5 的形式。从表 3-4 中可以很容易地看出,3 个拥有房产的数据样例全部被批准了信用卡申请,而无房产的 7 个数据样例中有 4 个被批准而另外 3 个未被批准。总的数据数量为 10。

表 3-5 拥有房产情况与信用卡批复情况对照表

	批　准	拒　绝
有房产	3	0
无房产	4	3

从表 3-4 中的数据计算房产属性两种情况的信息熵分别是：

$$E_{有房}=-((0/3)\log_2(0/3)+(3/3)\log_2(3/3))=0 \quad （信息熵规定 \ln 0=0）$$

$$E_{无房}=-((4/7)\log_2(4/7)+(3/7)\log_2(3/7))=0.9852$$

那么，房产属性的信息增益是：

$$Gain_{房产}=0.8813-((3/10)\times 0+(7/10)\times 0.9852)=0.1916$$

接下来考虑婚姻状况信息，可以整理出表 3-6 的数据。

表 3-6 婚姻状况与信用卡批复情况对照表

	批　准	拒　绝
单身	2	1
已婚	4	1
离婚	1	1

于是对于婚姻的 3 种情况的信息熵分别是：

$$E_{单身}=-((2/3)\log_2(2/3)+(1/3)\log_2(1/3))\approx 0.9183$$

$$E_{已婚}=-((4/5)\log_2(0/3)+(1/5)\log_2(1/5))\approx 0.7219$$

$$E_{离婚}=-((1/2)\log_2(1/2)+(1/2)\log_2(1/2))=1$$

所以，婚姻状况的信息增益是：

$$Gain_{婚姻}=0.8813-((3/10)\times 0.9183+(5/10)\times 0.7219+(2/10)\times 1)=0.0448$$

如此，可以算出"未还贷款"属性的信息增益是：

$$Gain_{贷款}=0.1916$$

这时按照信息增益最大的原则，可用"有无房产"和"有无贷款"作为第一次划分的依据，这里利用"有无房产"作为第一次划分的依据，结果如图 3-3 所示。将树的分支称为"子树"，将没有子树的分支称为"叶子结点"，那么通过房产属性，将所有数据分为两个子树，"有房产"子树包含数据表中的 3、4、9 这 3 个结点，"无房产"子树包含 1、2、5、6、7、8、10 这 7 个结点。

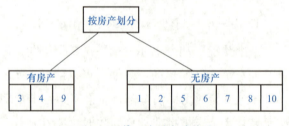

图 3-3 第一次划分的结果

决策树的构建过程是一个递归的过程，所以需要确定停止条件。一种最直观的方式是保证每个叶子结点只包含同一种标记类型的记录。例如，"有房产"这个分支（子树）有3、4、9共3条数据，这些数据的"标记"都是"批准发放信用卡"类型，所以这个子树可以作为叶子结点，不需要再进行进一步划分；而"无房产"子树包含7条数据，需要按照"婚姻状况"和"未还贷款"两个属性继续划分。划分方法是继续计算该子树7条数据的信息熵。

对"无房产"子树7条数据而言，计算信息熵分别为：

$E_{婚姻}=0.2359$，$E_{贷款}=0.1281$。

那么很显然，应利用婚姻状况进行下一次划分。于是决策树又变成图3-4所示，这时"有房产"和"离婚"这两个子树可以停止划分，变为"叶子"。

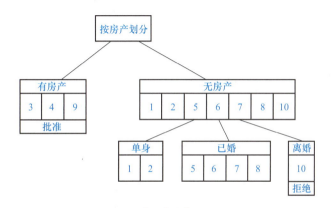

图3-4 对"无房产"数据的划分

接下来只剩有无贷款一个属性了，决策树最终变为图3-5所示，这时所有的叶子都已经具有单一分类标记，所以创建"决策树的过程"终止。

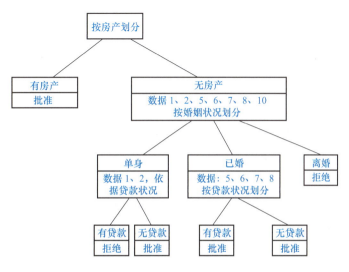

图3-5 最终完成的决策树

通过训练集的所有数据创建决策树的过程"十分完美",所有数据都映射为决策的结点,但是这样往往会使得树的结点过多,决策的过程过多地考虑了训练集的数据细节,从而导致过拟合问题。一种可行的解决方法是当前节点中的记录数低于一个最小的阈值,那么就停止分割,将max(P(i))对应的分类作为当前叶结点的分类,这被称为剪枝(pruning)。例如,将图 3-5 中的决策树剪枝变为如图 3-6 所示,其中"已婚"子树经过了剪枝处理。剪枝是决策树方法中应对"过拟合"的有效手段。

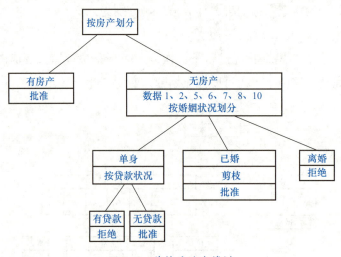

图 3-6 剪枝后的决策树

之后读者可以用测试集数据,进一步考察该决策树的"准确率"与"召回率"。

任务 2 处理数据的瑕疵以及特征工程

任务 1 完成了一个审核信用卡系统的实际应用,但总会需要处理一些"意外情况",例如,在学习过程中发现某条数据中信息不全。另外在上面的信用卡案例中只考虑有无贷款还是太武断,是否应该综合考虑每月收入、贷款月均还款额和刚性消费等,那么数据类型就从离散型的数据(是否,高低等)变为连续性的数据,这就需要做进一步的数据处理,还有,更好的办法是将收入、贷款月均还款额、月均刚性消费等类似属性合并成一个更易懂的属性,如"月均可支配收入",这样就可以减少属性,大大简化决策树的生成。这种变换数据提高人工智能模型构建效率的工作称为"特征工程"。

先考虑第一个问题,数据缺失怎么办?应对"缺失"这种缺憾,只能补救,所有的方法都只能接近而不可能达到信息完全的状态,与项目 2 中的拉普拉斯平滑类似,可以采用将缺失数据在该属性的不同样本概率中各记一次的方式解决。

对将连续值转换为离散值以及其他特征工程问题,解决的方案很多,比如说可以设定几个取值区间如:[0,1000], (1000,5000), [5000,10000],从而将从 0 到 10000 的连续值分解为 3 个离散值。

但是对于连续值的集合来说，如何划分区间更合适？这里有几个可能用于划分区间的特殊点需要读者了解。

首先是平均值或算术平均值，就是所有 n 个样本的值相加除以样本个数 n，表示样本的密度，即：

$$\bar{x} = \frac{1}{n}\sum_1^n x_i \tag{3-2}$$

第二个概念是中位数，顾名思义，中位数就是将 n 个样本排序后，第 $n/2$ 上取整的位置的元素的值。从中位数的定义可知，所研究的数据中有一半小于中位数，一半大于中位数。

中位数的作用与算术平均数相近，也是作为所研究数据中间水平的代表值。在一个等差数列中，中位数就等于算术平均数，若记录集近似于正态分布，中位数也接近平均数。

但是在记录集中出现了极端变量值的情况，或需要考虑数据集样本个数的情况下，用中位数作为代表值要比用算术平均数更好，因为中位数不受极端变量值的影响。一般情况下可以考虑将不大于中位数的最大值作为离散化的划分点。

在处理数据时，还要观察数据整体的分布情况，这时就要使用"方差""均方差"这样的衡量"数据分布特性"的数据指标。其中方差的概念是：每个样本值与全体样本值的平均数之差的平方值的平均数，即：

$$s^2 = \frac{1}{n}\sum_1^n (x_i - \bar{x})^2 \tag{3-3}$$

可以看出，方差记录的是和样本集平均值的偏离程度，所以可以用来衡量一批数据的波动大小（即这批数据偏离平均数的大小），并把它叫作这组数据的方差，记作 s^2。在样本容量相同的情况下，方差越大，说明数据的波动越大，越不稳定。由于方差是个平方值，与所考察的数据 x 有不同的量纲，所以也使用"标准差"这个概念衡量数据的波动性，所谓标准差就是方差的算术平方根，即式 3-4，用标准差衡量偏差更为直观：

$$s = \sqrt{s^2} \tag{3-4}$$

根据样本选取情况的不同，方差和标准差又有总体方差、总体标准差和样本方差、样本标准差的不同。如果使用的是样本的全部，那么就用总体方差和总体标准差；但是如果样本数很大，只取样本的一个子集进行考察，那么应该使用样本方差和样本标准差来考察样本的波动性。所谓样本方差，只是将总体方差中取所有 n 个样本的平均转变为取 $n-1$ 个样本的平均，即：

$$s^2 = \frac{1}{n-1}\sum_1^n (x_i - \bar{x})^2 \tag{3-5}$$

决策树算法的优势是：计算复杂度不高，输出结果易于理解，可以处理样本值的缺失的情况，对离散值和连续值的样本都适用。但是要注意的是，经验表明决策树最好应用于小数据集。

任务 3　编程完成决策树项目应用

编写程序利用决策树处理分类问题非常简单，其过程还是准备数据、划分训练集和测试集，然后构建模型、测试模型，获得满意正确率后用于生产。

程序代码：

```
1   #coding:utf-8
2   # 导入 tree 模型
3   import numpy as np
4   from sklearn import tree
5   # 准备数据
6   of=open('tree3.csv','r')
7   x=[]
8   y=[]
9   eg=0.6
10  for line in of:
11      li_t=line.split(',')
12      y.append(int(li_t[3]))
13      x.append([int(li_t[0]),int(li_t[1]), int(li_t[2])])
14  fd=int(len(x)*eg)
15  # 利用训练集数据训练模型
16  dtc=tree.DecisionTreeClassifier()
17  dtc=dtc.fit(x[:fd],y[:fd])
18  # 对测试集数据进行预测
19  res=dtc.predict(x[fd:])
20  # 计算正确率
21  rr=(res==y[fd:])+0
22  print ("rr=%.2f%%"%(100.0*sum(rr)/len(rr)))
```

以上代码的输出是：

rr=75.00%

观察这个程序能够发现，程序还是分为"导入运算包""准备数据""训练模型""测试模型"4 个部分。

代码说明：

- ◆ 第 3 行：导入了 NumPy 计算工具。
- ◆ 第 4 行：引入了 Sklearn 工具中的"决策树"工具包。
- ◆ 第 6 行：读入了保存在文件中的数据。

- 第 7～13 行：将属性数据装入 x，将标记数据装入 y。其中对比之前的程序，本程序第 9 行定义了新变量 eg，该变量的意义是表示将从数据集中选取 60% 的数据作为训练集。
- 第 14 行：利用 len( ) 函数计算了线性表 x 的长度，之后 int(len(x)*eg) 利用 eg 截取了指定长度后，将取整后的数字作为数据集的长度。这样，在后面的程序中可以用 x[:fd] 和 y[:fd] 可以作为数据集，而 x[fd:] 和 y[fd:] 可以作为测试集。
- 第 16、17 行：构建了决策树模型。
- 第 19 行：预测一下测试集，并将依据模型判断的结果存入 res。
- 第 20、21 行：计算正确率并打印。首先用 res 和 y[fd:] 进行比较得到一个布尔类型的线性表，此处若用 res==y[fd:] 的结果，则会得到 [True True False True]，这个结果不能直接进入计算，所以通过 "+0" 将 True 转换为数字 1，False 转换为数字 0。这时利用 sum 函数即可得知判断正确的数量，该数量与总数的比值即为正确率。

本程序可以进行其他决策树的构造和应用，但是要注意按照不同的数据存储格式修改第 10～13 行代码。

项\目\小\结

决策树构建的过程可以概括为 3 个步骤：特征选择、决策树的生成和决策树的修剪。

决策树是一个用于分类的监督学习算法，算法的依据是信息熵，信息熵可以理解为对信息不确定性的度量，熵越高，信息的不确定性越高。在做决策时，应当尽快地降低信息整体的熵值，使得信息的确定性增加，所以在构建决策树的过程中将优先利用信息增益高的构建分支。

在决策树算法的求解过程中，可以利用剪枝这种牺牲一部分训练成果的方式避免过拟合的发生，这类方法将在后面的学习中重复出现，是一种常用的避免过拟合的手段。

在数据处理的过程中，可以利用平均数、中位数修正缺失的数据，还可以利用特征工程的算法减少特征值的计算量或提高数据的表达效果。

前 3 个项目的求解流程基本一致，但是在数据处理、算法测试方面逐步补充了提高算法效率和性能的环节和工具，读者可以根据实际需要将这些环节和工具逐步运用到自己的工程中去。

拓\展\练\习

1. 选取某足球赛对阵形势见表 3-7 和表 3-8，请问哪一场球赛的形式最容易判断，用信息熵解释。

表 3-7　足球对阵场次

场　次	对 阵 球 队
第一场	甲:乙
第二场	乙:丙
第三场	甲:丁
第四场	乙:丁

表 3-8　球队历史战绩

对 阵 球 队	成　　绩
甲:乙	8胜，6负，4平
乙:丙	18胜，12负，2平
甲:丁	6胜，18负，5平
乙:丁	9胜，21负，6平

2．计划用表 3-9 中的数据构造算法，判断垃圾邮件，请画出决策树。

表 3-9　邮件数据信息表

数据 ID	包含 shop、advitising 等"关键词"数量	是否群发邮件	发信地址不属于"地址簿"收录地址	发信地址是否是已知的电商地址	是否被批准发放信用卡
1	0	是	是	是	否
2	0	是	否	否	是
3	5	否	否	否	是
4	7	是	否	否	是
5	1	否	否	否	是
6	3	是	否	否	是
7	1	是	是	否	否
8	2	已婚	是	否	是
9	6	已婚	否	否	是
10	0	离婚	否	否	否

3．编程求表 3-10 中所有样本数据的算数平均数、中位数以及标准方差。

表 3-10　样本数据表

−1.24	4.77	−2.70	0.16	−1.14	5.43	5.04
−4.93	1.12	0.94	1.54	5.90	0.08	5.36
−2.44	−3.22	−2.10	4.78	−4.91	−4.85	−4.33
0.77	5.60	−4.01	2.33	5.65	−1.14	−0.66
1.29	2.44	4.45	2.47	−4.38	5.24	5.04
−0.09	5.51	−4.55	3.32	−1.13	3.13	−3.27
0.00	−1.06	0.76	−2.73	2.93	−3.72	−2.24
−0.92	1.82	1.17	−4.28	1.64	−0.61	5.83

4．若习题 3 中的数据是某数据集中的一部分，求其标准方差。

5．利用 Sklearn 的决策树模型对习题 2 编程，并判断表 3-9 中的数据是否是垃圾邮件。

Project 4

项目4
支持向量机应用

项目导入

本项目将介绍一种分类方法——支持向量机（Support Vector Machine, SVM）的应用。

象棋中的楚河汉界，将楚、汉进行了分界，如图4-1所示。这就是一个二分类，本项目将要学习的支持向量机，就是用来解决二分类问题。支持向量机算法适用于线性或非线性可分的二分类问题，如果存在分类则可由该算法找到解，二分类问题可以形象的表述为在两类数据实例中间找到一线能够将他们分开，但是这些线可能有很多，高维空间就变成了超平面，支持向量机的核心思想就是要找到那个与正例、负例间隔最大的平面，即最优分割平面，从而用简单的思想解决看似非常复杂的智能分类问题。

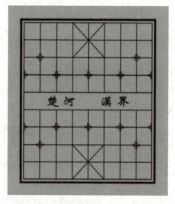

图4-1 象棋中的楚河汉界

学习目标

1. 掌握支持向量机的原理
2. 能够应用支持向量机算法进行二分类
3. 掌握用核函数处理非线性可分数据的方法
4. 实现数据可视化

素质目标

培养学生的团队精神，相互协作共同进步：树立团队意识、大局意识、协作精神和服务精神，对于项目学习中较难掌握的内容，相互学习，取长补短，发挥特长，挖掘集体潜能，共同协作完成实操任务，互相帮助，共同进步，增强集体凝聚力。

项目 4 支持向量机应用

思维导图

本项目思维导图如图4-2所示。

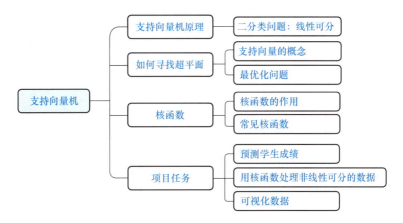

图 4-2　项目思维导图

知识准备

1．支持向量机原理

支持向量机是一种对数据进行二分类的模型，我们的学习从研究如何划分平面上不同类型的点开始。

下面来看一个二分类问题的例子。

图 4-3 所示是一个二维平面，平面中有不同类型的数据点，用一条直线把这些数据点划为两部分，就是做了一次二分类。

扩展一下，如果数据是三维空间的，如"长、宽、高"三个特征，那么可以在三维空间里，用平面将这些数据分为两部分，如图 4-4 所示，这也相当于做了一次二分类。

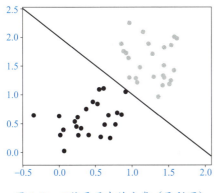

图 4-3　二维平面中的分类（见彩页）

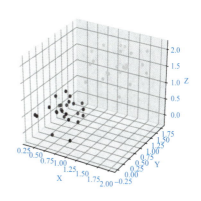

图 4-4　三维空间的分类（见彩页）

再扩展一下，如图4-5所示，这些数据明显不能"平直"分隔，怎么解决呢？

可以采用变换坐标系的方式，放弃直角坐标系的观察角度，改为极坐标系参数，考察转动的角度和数据分布的半径，这样图4-5就变成了图4-6的样子，很明显，又可以平直分割了。

再次扩展，如图4-7所示，如果出现这种混杂的数据怎么办？

可以采用这种方法：增加图4-7的维度，构造一个特征z，使$z=xy$，那么数据在三维世界里的分布则如图4-8所示，显然，又可以用一个平面将两部分数据分开，做二分类了。

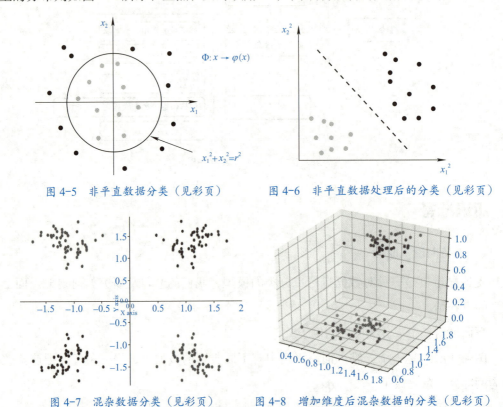

图4-5 非平直数据分类（见彩页）　　图4-6 非平直数据处理后的分类（见彩页）

图4-7 混杂数据分类（见彩页）　　图4-8 增加维度后混杂数据的分类（见彩页）

因此得出结论：对于二维空间和三维空间中待划分类别的数据，要么变换坐标系、要么提高维度，之后，总能找到一条直线或一个平面将其划分成两部分，做二分类。

对更多维度表达的数据，这个结论也成立，把这个分割称为超平面。

因此二分类问题的本质就是：寻找一个超平面，将空间分成两部分，每个子空间的区域就代表一个分类。

这里对数据范围做一个说明：一定是线性可分的数据。

2．如何寻找超平面

接下来的问题就是如何找到超平面并确认它是最优的。

图4-9中有红色虚线和蓝色实线两条线，作为划分区域的超平面（直线），相比较哪条线更好呢？

直观地看，蓝色实线的划分比较好。

这是为什么呢？

因为与红色虚线相比，蓝色实线在划分的边缘，特殊点少一些，有更均衡的冗余，它的容错性好一些。

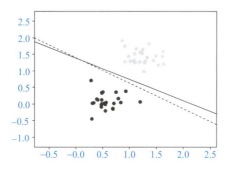

图 4-9　如何选择超平面（见彩页）

如何找到拥有最佳"冗余"的超平面呢？这是最关键的问题。

首先设计一个模型，因为二维平面中，直线的方程是 $y = kx + b$，则二维平面分类的标记是 $y = kx + b$，由此推广到多维空间，设 $\omega^T x+b=yl$，将 yl 作为多维空间分类的标记。

为了计算方便，将二分类的正设为"1"，负设为"–1"，把 $\omega^T x+b=0$ 的分类标记作为多维空间的"超平面"。

这个方程的含义是：通过线性计算，将属性值与分类标记之间建立联系。

这样只要确定了 ω、b，将属性数据带入方程，计算结果，若结果小于等于"–1"则属于"负类"，若结果大于等于"1"则属于"正类"，正好在正负边界上的数据点被称作"支持向量"。

好的分类模型应该使正负 1 平面之间的距离都足够大，这样可以提高容错性。而构建这个模型的关键就是求出方程中 ω、b 的值。

首先，求空间中任意点到超平面的距离：

$$\gamma=|\omega^T x+b|/\|\omega\| \tag{4-1}$$

∵ 支持向量正好在正负边界上，$|\omega^T x+b|=1$

∴ 支持向量到超平线的距离是：

$$\gamma=1/\|\omega\| \tag{4-2}$$

如果想把 γ 最大化，则应把 $\|\omega\|$ 最小化。于是公式 4-2 变成：

$$\min_{\omega,b} \frac{1}{2}\|\omega\|^2$$

$$\text{s.t. } y_i(\omega \times x_i+b)-1 \geqslant 0 \quad i=1,2,\cdots,n \tag{4-3}$$

通过以上公式，可以求出 ω 的最小值，从而得出 γ 的最大值。

这时要找到一个 $f(x)=\omega^T x+b$ 得到最大的距离。

由于式子中的 ω、b 并不确定，约束条件是一个范围而不是固定值，此类问题被称为约束条件下的优化问题。

约束条件下的优化问题,可通过拉格朗日乘子法,将约束条件联立方程求解,之后再用拉格朗日乘子 α 表达 ω 和 b。

由于对数据集的所有点都存在相应的 α,所以必须检出正确的 α。

这时考虑 KKT 约束条件,发现只有 $\omega^T x+b=1$ 平面上的点的 α 因子满足条件,而其他点并不满足。

如图 4-10 所示,只有"⊕"和"⊖"标记的点对"分界面"起了决定性作用,而其他点并没有作用,这些正好在正负边界上的数据点被称为支持向量。

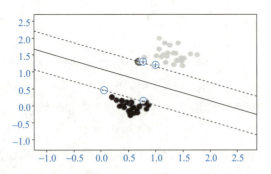

图 4-10 "⊕"和"⊖"标记的点确定了分割平面(见彩页)

利用 KKT 约束条件就可以在数据集中筛选出这些支持向量。由此获得 ω 和 b 之后,就可以得到判别类别的公式:$y=\omega^T x+b$。

这时对该判别式而言,可以带入数据特征值计算,计算出来的结果,若 y 小于等于 -1,则判定数据为负例,而大于等于 1 则为正例。

考虑多维度情况下,图中"⊕"和"⊖"标记的点,就可以看作多维度空间中的分隔面的"支持点"。而这个点的坐标就是一个向量,因此,这种方法被称为支持向量机。

这种由训练集求出判别函数表达式,直接计算分类的方法,称为"判别式"法。

"判别式法"与"决策树"和"贝叶斯"的区别:

1)"判别式法"在模型生成后,判断预期时不再需要训练集参与。

2)"决策树"和"贝叶斯"即使完成了模型,也还是需要利用训练集的数据进行每一次预测。此类需要训练集参与的方法称为"生成式"法。

支持向量机、决策树、贝叶斯在判别类别、计算量和适用问题的特性比较见表 4-1。

表 4-1 支持向量机、决策树、贝叶斯特性比较

分类方法	判别类别	计算量	适用问题
支持向量机	判别式法	小	解决特征属性较多的"中等规模"数据问题
决策树	生成式法	大	"中小规模"数据的问题
贝叶斯	生成式法	大	"中小规模"数据的问题

项目 4
支持向量机应用

支持向量机的判别式求解过程较为复杂，但在算法库中，这个复杂的过程被集成为一个专用的算法函数，可以方便地调用。

工程准备

1．应用方法：支持向量机

支持向量机（Support Vector Machine，SVM）是一类按监督学习（Supervised Learning）方式对数据进行二元分类的广义线性分类器（Generalized Linear Classifier），简称 SVM，其决策边界是对学习样本求解的最大边距超平面（Maximum-Margin Hyperplane）。

SVM 使用铰链损失函数（Hinge Loss）计算经验风险（Empirical Risk），并在求解系统中加入了正则化项以优化结构风险（Structural Risk），是一个具有稀疏性和稳健性的分类器。SVM 可以通过核方法（Kernel Method）进行非线性分类，是常见的核学习（Kernel Learning）方法之一。

SVM 被提出于 1964 年，在 20 世纪 90 年代后得到快速发展，并衍生出一系列改进和扩展算法，在人像识别、文本分类等模式识别（Pattern Recognition）问题中有得到应用。

SVM 在各领域的模式识别问题中有应用，包括人像识别、文本分类、手写字符识别、生物信息学等。

> **支持向量机的发展历史**
>
> SVM 是由模式识别中广义肖像算法发展而来的分类器，其早期工作来自苏联学者 Vladimir N. Vapnik 和 Alexander Y. Lerner 在 1963 年发表的研究。1964 年，Vapnik 和 Alexey Y. Chervonenkis 对广义肖像算法进行了进一步讨论并建立了硬边距的线性 SVM。此后在 20 世纪 70～80 年代，随着模式识别中最大边距决策边界的理论研究、基于松弛变量的规划问题求解技术的出现，以及 VC 维（Vapnik–Chervonenkis Dimension, VC Dimension）的提出，SVM 被逐步理论化并成为统计学习理论的一部分。1992 年，Bernhard E. Boser、Isabelle M. Guyon 和 Vapnik 通过核方法得到了非线性 SVM。1995 年，Corinna Cortes 和 Vapnik 提出了软边距的非线性 SVM 并将其应用于手写字符识别问题，这份研究在发表后得到了关注和引用，为 SVM 在各领域的应用提供了参考。

2．使用工具：SVM 模块

LIBSVM 是台湾大学林智仁（Lin Chih-Jen）教授等开发设计的 SVM 模式识别与回归的软件包，它不但提供了编译好的可在 Windows 系列系统的执行文件，还提供了源代码，方便改进、修改以及在其他操作系统上应用。该软件对 SVM 所涉及的参数调节相对比较少，提供了很多的默认参数，利用这些默认参数可以解决很多问题，并提供了交叉验证（Cross

Validation）的功能。该软件可以解决 C-SVM、v-SVM、ε-SVR 和 v-SVR 等问题，包括基于一对一算法的多类模式识别问题。

LIBSVM 是一款简单易用的支持向量机工具包，按引用次数，LIBSVM 是使用最广的 SVM 工具，LIBSVM 包含标准 SVM 算法、概率输出、支持向量回归、多分类 SVM 等功能，其源代码由 C 编写，并有 Java、Python、R、MATLAB 等语言的调用接口、基于 CUDA 的 GPU 加速和其他功能性组件，例如多核并行计算、模型交叉验证等。

基于 Python 开发的机器学习模块 Scikit-Learn（Sklearn）提供预封装的 SVM 工具，其设计参考了 LIBSVM。其他包含 SVM 的 Python 模块有 MDP、MLPy、PyMVPA 等。TensorFlow 的高阶 API 组件 Estimators 有提供 SVM 的封装模型。

Sklearn 函数是针对 Python 编程语言的机器学习库，它具有各种分类、回归和聚类算法，其中包括支持向量机等。Sklearn 中的 SVC 函数是基于 LIBSVM 实现的，所以在参数设置上有很多相似的地方。

3．数据可视化工具：Matplotlib 模块

Matplotlib 是基于 Python 的绘图工具，如图 4-11 所示，它以各种硬拷贝格式和跨平台的交互式环境，生成出版质量级别的图形。Matplotlib 是 Python 中最受欢迎的数据可视化软件包之一，它是 Python 常用的 2D 绘图库，同时也提供了一部分 3D 绘图接口。Matplotlib 通常与 NumPy、Pandas 一起使用，是数据分析中不可或缺的重要工具。通过 Matplotlib，开发者可以仅需几行代码，便可以生成绘图、直方图、功率谱、条形图、错误图、散点图等。

图 4-11 Matplotlib

项目 4
支持向量机应用

本项目采用 Matplotlib 模块来对数据可视化,编写程序前要先用 pip install matplotlib 命令安装该模块。

任务 1 预测学生成绩

本任务以利用学生平时成绩预测期末考评结果的案例,来体会支持向量机的用法和优势。

用已有的基础数据(学生的出勤成绩、作业成绩、期末总评成绩)训练一个模型,来预测学生最终成绩情况,从而帮助学生改善自己的学习行为,以便获得满意的最终成绩。

学生成绩基础数据见表 4-2,测试集中的数据抽取了各个分数段的成绩,以便于测试。利用前面学习的"支持向量机"方法,计算出 ω 和 b 的值。这里考虑到计算的复杂性和不同数据的通用性,直接使用程序代码来完成 ω 和 b 的计算。

表 4-2 学生成绩基础数据表

序号	出勤成绩	作业成绩	期末总评	序号	出勤成绩	作业成绩	期末总评	序号	出勤成绩	作业成绩	期末总评
1	85	83	72	11	36	55	44	21	79	77	69
2	56	37	41	12	62	51	42	22	59	64	50
3	91	87	90	13	87	96	82	23	85	89	86
4	87	94	92	14	100	84	90	24	38	46	53
5	96	91	98	15	87	75	68	25	61	60	53
6	38	47	55	16	40	51	40	26	37	53	45
7	78	100	91	17	78	79	78	27	86	100	93
8	95	100	90	18	65	55	41	28	81	99	91
9	87	77	63	19	91	75	78	29	95	95	76
10	52	61	45	20	49	58	58	30	35	51	48

测试集数据
训练集数据

利用数据集中的特征 x 和标志 y 训练一个支持向量机模型,由于支持向量机是二分类算法,所以在训练之前,需要将标记二值化,做二分类,在这个案例里,做二分类的过程非常简单,因为考察是否及格,只需要 $y \geq 60$ 即可,因此将 $y=60$ 作为分类的边界,然后就可以开始用程序代码做建模过程了。

程序代码:

```
1    # coding:utf-8
2    # 导入 tree 模型
3    import numpy as np
4    from sklearn.svm import SVC
5
6    # 准备数据
7    of = open('svm_score.csv','r')
```

```
8    x = []
9    y = []
10
11   for line in of:
12       li_t=line.split(',')
13       # 用 60 分二值化标记数据
14       if(int(li_t[-1]))>=60:
15           y.append(1)
16       else:
17           y.append(-1)
18       x.append([float(li_t[0]), float(li_t[1])])
19   # 关闭文件
20   of.close()
21   # 确定训练数据的边界
22   fd = int(len(x) * 0.8)
23   # 构造 SVM 模型
24
25   M_svm =SVC(kernel="linear")
26   M_svm.fit(x[:fd], y[:fd])
27   # 预测
28   res = M_svm.predict(x[fd:])
29
30   # 计算正确率
31   ar = (res == y[fd:]) + 0
32   print("Ar=%.2f%%" % (100.0 * sum(ar) / len(ar)))
33
34   w = M_svm.coef_
35   b = M_svm.intercept_
36
37   print (w)
38   print (b)
```

代码说明：

- ◆ 第 4 行：引用了支持向量算法，导入 Sklearn 函数。
- ◆ 第 7 行：打开学生成绩基础数据表，将基础数据引入程序模型。
- ◆ 第 14～17 行：完成对标记数据的二值化，用 y ≥ 60 进行分类，使用 1 表示及格，使用 –1 表示不及格。
- ◆ 第 20 行：关闭文件。
- ◆ 第 22 行：通过比例设定数据集的边界，选取了 80% 的数据。
- ◆ 第 25、26 行：设置了支持向量机模型，并利用数据集完成了训练。

- 第 27、28 行：完成对测试集的预测。
- 第 30 ～ 32 行：对正确率进行计算和输出。
- 第 34 ～ 38 行：输出 w 和 b 具体的值。

使用文件之后及时关闭，可以减少系统负担，并提高文件读写的安全性。

程序中 Sklearn 库的支持向量机算法屏蔽了细节，允许用户直接调用 fit 函数，利用特征向量和对应的标志向量训练模型。

这里用 kernel="linear"，表明使用的是线性模型，这时模型中自然包括了 ω 和 b。

程序输出结果如图 4-12 所示，由此，根据判别公式可以得到判断期末成绩的具体判别式为：

Y=–0.01176471× 出勤成绩 + 0.15294118 × 平时成绩 –10.72941176

计算 Y 的结果：

- 若结果小于等于 –1 则判定为不及格。
- 若结果大于等于 1 则为及格。

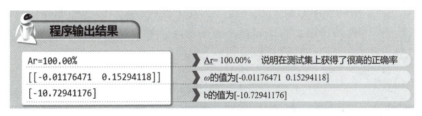

图 4-12 学生成绩预测程序输出结果

为了便于计算，使用 Excel 电子表格对测试集数据进行验算演示，结果如图 4-13 中的 H 列所示，通过验算可以看出，与程序模型判别式方法获得了相同的结果。

H2 =A2*E2+B2*F2+G2

	A	B	C	D	E	F	G	H
1	出勤成绩	作业成绩	期末总评		ω0	ω1	b	结果
2	95	95	76		-0.01176	0.1529	-10.7294	3
3	35	51	48		-0.01176	0.1529	-10.7294	-3
4	52	61	45		-0.01176	0.1529	-10.7294	-2
5	85	89	86		-0.01176	0.1529	-10.7294	2
6	87	75	68		-0.01176	0.1529	-10.7294	0
7	62	51	42		-0.01176	0.1529	-10.7294	-4

图 4-13 使用 Excel 验算演示结果

任务 2 用核函数处理非线性可分的数据

在上一个任务中，一直认为数据是线性可分的，但是图 4-7 中的数据显然不能做到线性可分，但是如果加一个转换函数 $x=x_1^2$，则图 4-7 中的数据变成图 4-8 所示的情况，又成为线性可分的数据。

这种将数据进行某种转换的方法被称为核函数方法。使用核函数方法，支持向量机仍然成立，对于某些情况，可使用核函数将线性不可分的数据映射到更高或其他维度使之线性可分。

常见的核函数有线性核函数、多项式核函数、高斯核函数。

线性核函数：是最简单的核函数，它直接计算两个输入特征向量的内积，简单高效，结果是一个最简洁的线性分割超平面，但是这种方法只能得到线性分割面，所以只适用线性可分的数据集。

多项式核函数：通过多项式来作为特征映射函数，通过构造的多项式函数，可以拟合出复杂的分割超平面。多项式的阶数越高，分割超平面就越复杂，模型在训练集上的正确率会越高，但是多项式的阶数不宜过高，一是会带来过拟合的风险，二是过高的阶数会大幅增加求解过程中的计算量。

高斯核函数：作为映射函数，高斯核函数的优势是可以把特征映射到多维，计算量适中，参数也比较好选择。高斯核函数进一步简化产生几个变种，如指数核函数和拉普拉斯核函数。相对于高斯核函数，指数核函数将向量模的平方变为向量的模，而拉普拉斯核函数只是进一步降低了参数的敏感性。常见的核函数比较见表4-3。

表 4-3　常见核函数比较

核函数类型	典型形式	优　　势	计　算　量
线性核函数	$x_i^T x_j$	适合分类边界为直线的情况	低
多项式核函数	$(x_i^T x_j)^d$	随着 d 的增大，分类边界逐步复杂	随着多项式阶数的提高逐步增高
高斯核函数	$\exp(-\dfrac{\|x_i - x_j\|^2}{2\sigma^2})$	适于复杂分类边界的求解	适中

特别说明的是：核函数的组合也是核函数，例如对已有核函数的线性组合、对已有几个核函数相乘后的结果，也是核函数。

核函数以及核函数的组合，对支持向量机的应用提供了大量的扩展方法，当一种划分手段不理想时，可以应用核函数或探求一种核函数的组合，获得更为理想的二分类划分方案。

选择核函数的一般原则是依据数据量：

当数据量很大的时候，可以选择复杂一点的模型，因为大数据量可以减低复杂模型引起的过拟合风险。如果数据集较小，则应该首先考虑选择简单的线性的核函数，若发现欠拟合，再逐步增加多项式核函数，纠正欠拟合。

更进一步，也可以根据样本量和特征量的比例尝试使用不同的核函数，如图4-14所示。

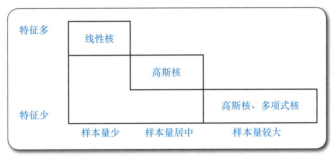

图 4-14　核函数的样本量和特征量

针对编程而言，用核函数处理非线性可分的数据并没有复杂的设置，以任务 1 中学生成绩预测模型的程序为例，在建立模型时，程序代码第 25 行选用 kernel 参数即可。

三种核函数的 kernel 参数设置：

> - 线性核函数：kernel='linear'
> - 多项式核函数：kernel='poly'
> - 高斯核函数：kernel='rbf'

参数中的 rbf 指径向基函数（Radial Basis Function，RBF）。由于高斯核函数是最常用的一种径向基函数，故在此由 rbf 指代。

任务 3　可视化数据

制定数据分析算法的时候，除了能够使用前面学习的图表分析方法，如果能够利用数据可视化手段表达数据的分布，采用可视化图形的方式，会对方法选择和效果评估起到积极的作用。

这里将介绍几种常用的编程绘图方法，包括 sin 正弦函数图形（cos 余弦函数图形同理）、图的布局、坐标轴、散点图、折线图、条形图（Bar 图）、饼图（Pie 图）的绘制。

1．sin 正弦函数图形绘制

采用 Matplotlib 模块对数据可视化，在图形绘制之前，用 pip install matplotlib 命令安装该模块。

（1）基本 sin 函数图形绘制

程序代码：

```
from pylab import *
import numpy as np
X = np.linspace(-np.pi, np.pi, 256,endpoint=True)
Y = np.sin(X)
# 产生绘图数据 X，Y，为 X 轴和 Y 轴一一对应的数据
plot(X,Y)
# 以默认的形式绘制数据，plot 第一个参数为 X 坐标数据
# 第二个参数为 Y 坐标数据
show()
```

代码说明：

- plot(X,Y)：画图函数，X 为 x 轴坐标数组，Y 为对应的 y 轴坐标数组。
- show()：把前面用 plot 函数绘制的图像显示到屏幕上。

基本 sin 函数图形绘制程序的运行结果如图 4-15 所示，是一个正弦函数波形。

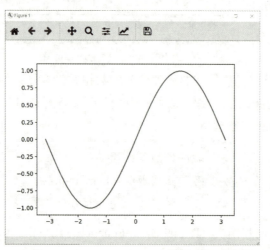

扫码看视频

图 4-15　基本 sin 函数图形绘制程序运行结果（见彩页）

（2）改变颜色和线宽

接下来来学习如何在程序中对正弦函数图形进行参数设置，首先来学习改变颜色和线宽。这里也用到了 plot 函数，函数格式如下。

plot(x, y, format_string, **kwargs)

x 为对应的 x 轴坐标数组；y 为对应的 y 轴坐标数组；format_string 主要是绘图的颜色、线型等参数，常用的线型和颜色见表 4-4 和表 4-5，这里也可以采用简写的方式。

表 4-4　线条类型

字符	类型	字符	类型
'-'	实线	'--'	虚线
'-.'	虚点线	':'	点线
'.'	点	','	像素点
'o'	圆点	'v'	下三角点
'^'	上三角点	'<'	左三角点
'>'	右三角点	'1'	下三叉点
'2'	上三叉点	'3'	左三叉点
'4'	右三叉点	's'	正方形点
'p'	五角点	'*'	星形点
'h'	六边形点 1	'H'	六边形点 2
'+'	加号点	'x'	乘号点
'D'	实心菱形点	'd'	瘦菱形点
'_'	横线点		

表 4-5　颜色

字符	颜色
'b'	蓝色，blue
'g'	绿色，green
'r'	红色，red
'c'	青色，cyan
'm'	品红，magenta
'y'	黄色，yellow
'k'	黑色，black
'w'	白色，white

图例（label）就是在图的一角对图的内容与指标所做的说明，有助于更好地识图。

程序代码：

```python
from pylab import *
import numpy as np
X = np.linspace(-np.pi, np.pi, 256,endpoint=True)
Y = np.sin(X)
plot(X,Y, color="green", linewidth=5.5, linestyle="-",label="Sine")
# 定义颜色为绿色，线宽为 5.5，线型为实线
#label="***" 添加图例
legend(loc="upper left")
show()
```

代码说明：

> plot(x, y, format_string, **kwargs) 函数：
> - X，Y：对应的 x 轴和 y 轴的数组或列表。
> - format_string：绘图的颜色、线型等参数，主要有 color 颜色、linewidth 线宽、linestyle 线型等内容。
> - label：图例内容，它和 legend( ) 函数配合使用，表示把图例"Sine"显示在图的左上角。

改变颜色线宽后，sin 函数图形绘制程序运行结果如图 4-16 所示。正弦波颜色变为绿色，左上角显示了 Sine 图例。

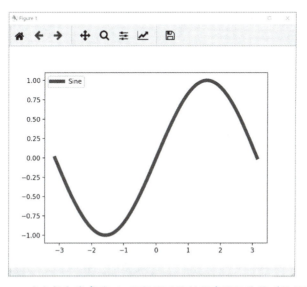

图 4-16 改变颜色线宽后 sin 函数图形绘制程序运行结果（见彩页）

（3）设定限值范围

接下来学习设定限值范围，这里用到了 xlim 和 ylim，是用来限定脊柱离所绘图形的距离。

xlim：限制 x 轴的最小值和最大值；ylim：限制 y 轴的最小值和最大值。

程序代码：

```
from pylab import *
import numpy as np
X = np.linspace(-np.pi, np.pi, 256,endpoint=True)
Y = np.sin(X)
plot(X,Y, color="green", linewidth=5.5, linestyle="-",label="Sine")
# 定义颜色为绿色，线宽为5.5，线型为实线
#label="***" 添加图例
legend(loc="upper left")
xlim(X.min()*1.5,X.max()*1.5)
ylim(Y.min()*1.3,Y.max()*1.3)
#xlim 限制 X 轴的最小值和最大值，ylim 限制 Y 轴的最小值和最大值
show()
```

代码说明：

> xlim 和 ylim 函数：
> ◆ xlim 限定为 x 轴数列里最小值再乘以 1.5，等于 $-1.5p$，最大值为 $1.5p$。
> ◆ ylim 同理，限定为 y 轴数列里最小值再乘以 1.3，等于 $-1.3p$，最大值为 $1.3p$。

设定限值后，sin 函数图形绘制程序运行结果如图 4-17 所示。设定限值以后，整个正弦波形图不至于显得很局促。

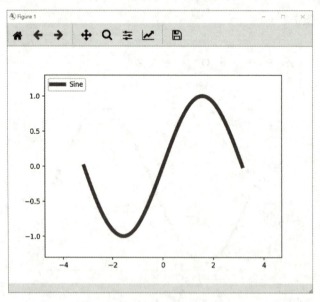

图 4-17　设定限值后 sin 函数图形绘制程序运行结果（见彩页）

（4）设置坐标刻度和坐标标签

在默认情况下，绘制出的坐标刻度都是 0、1、2 等数字，想要显示成自己所要的刻度方式，需要用到 xticks 和 yticks 两个函数，两个函数用法一样。

程序代码：

from pylab import *
import numpy as np
X = np.linspace(-np.pi, np.pi, 256,endpoint=True)
Y = np.sin(X)
plot(X,Y, color="**green**", linewidth=5.5, linestyle="-",label="Sine")
# 定义颜色为绿色，线宽为 5.5，线型为实线
#label="***" 添加图例
legend(loc="**upper left**")
xlim(X.min()*1.5,X.max()*1.5)
ylim(Y.min()*1.3,Y.max()*1.3)
#xlim 限制 X 轴的最小值和最大值，ylim 限制 Y 轴的最小值和最大值
xticks([-np.pi,-np.pi/2,0,np.pi/2,np.pi],[**r'$-\pi$', r'$-\pi/2$', r'0', r'$+\pi/2$', r'$+\pi$**'])
yticks([-1,0,+1] ,[**r'-1', r'0', r'$+1$**'])
#xticks 和 yticks 定义 X 轴和 Y 轴坐标刻度和标签，第一个参数为刻度，第二个参数为标签
show()

代码说明：

> xticks、yticks 函数：
> ◆ 第一个参数是列表，内容是刻度值。
> ◆ 第二个参数也是列表，对应的是刻度值要显示出来的内容。

设置坐标刻度和坐标标签后，sin 函数图形绘制程序运行结果如图 4-18 所示。可以看到，坐标轴的刻度和标签已经发生了变化。

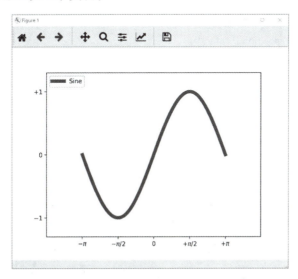

图 4-18 设置坐标刻度和坐标标签后 sin 函数图形绘制程序运行结果（见彩页）

（5）设置移动脊柱

坐标轴线和坐标轴上的记号连在一起称为脊柱 Spines，它记录了数据区域的范围。脊柱可以放在任意位置。

Matplotlib 绘制的图形都有上、下、左、右四条脊柱，为了将脊柱放在图的中间，必须将其中的两条设置为无色。这里是将上边和右边的两条设置为无色，然后调整剩下的两条，即下边和左边这两条，把它们调整到合适的位置——也就是数据空间的坐标原点。

程序代码：

```python
from pylab import *
import numpy as np
X = np.linspace(-np.pi, np.pi, 256,endpoint=True)
Y = np.sin(X)
plot(X,Y, color="green", linewidth=5.5, linestyle="-",label="Sine")
# 定义颜色为绿色，线宽为 5.5，线型为实线
#label="***" 添加图例
legend(loc="upper left")
xlim(X.min()*1.5,X.max()*1.5)
ylim(Y.min()*1.3,Y.max()*1.3)
#xlim 限制 x 轴的最小值和最大值，ylim 限制 y 轴的最小值和最大值。
xticks([-np.pi,-np.pi/2,0,np.pi/2,np.pi],[r'$-\pi$', r'$-\pi/2$', r'$0$', r'$+\pi/2$', r'$+\pi$'])
yticks([-1,0,+1] ,[r'$-1$', r'$0$', r'$+1$'])
#xticks 和 yticks 定义 x 轴和 y 轴坐标刻度和标签，第一个参数为刻度，第二个参数为标签
ax = gca()
ax.spines['right'].set_color('none')
ax.spines['top'].set_color('none')
# 设置右和顶部脊柱为无色
ax.xaxis.set_ticks_position('bottom')
ax.spines['bottom'].set_position(('data',0))
ax.yaxis.set_ticks_position('left')
ax.spines['left'].set_position(('data',0))
# 设置底部和左脊柱的位置为数据 0 点
show()
```

代码说明：

- ax.spines['right'].set_color('none')：把右脊柱的颜色设成无色。
- ax.spines['top'].set_color('none')：把上脊柱的颜色设成无色。
- ax.xaxis.set_ticks_position('bottom')：设置下脊柱刻度显示的位置。
- ax.spines['bottom'].set_position(('data',0))：把下脊柱移动到数据的 0 值。
- ax.yaxis.set_ticks_position('left')：设置左脊柱刻度显示的位置。
- ax.spines['left'].set_position(('data',0))：把左脊柱移动到数据的 0 值。

设置移动脊柱后，sin 函数图形绘制程序运行结果如图 4-19 所示，下脊柱上移，左脊柱右移，坐标轴的原点已经移动到整个图形的正中间了。

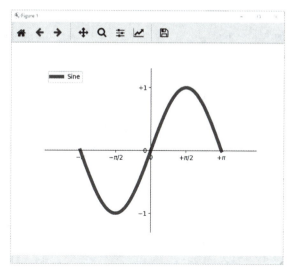

图 4-19 设置移动脊柱后 sin 函数图形绘制程序运行结果（见彩页）

（6）注释要点

注释要点使用到了 plot 函数、scatter 函数和 annotate 函数。

程序代码：

```python
from pylab import *
import numpy as np
X = np.linspace(-np.pi, np.pi, 256,endpoint=True)
Y = np.sin(X)
plot(X,Y, color="green", linewidth=5.5, linestyle="-",label="Sine")
# 定义颜色为绿色，线宽为 5.5，线型为实线
#label="***" 添加图例
legend(loc="upper left")
xlim(X.min()*1.5,X.max()*1.5)
ylim(Y.min()*1.3,Y.max()*1.3)
#xlim 限制 X 轴的最小值和最大值，ylim 限制 Y 轴的最小值和最大值。
xticks([-np.pi,-np.pi/2,0,np.pi/2,np.pi],[r'$-\pi$', r'$-\pi/2$', r'$0$', r'$+\pi/2$', r'$+\pi$'])
yticks([-1,0,+1] ,[r'$-1$', r'$0$', r'$+1$'])
#xticks 和 yticks 定义 x 轴和 y 轴坐标刻度和标签，第一个参数为刻度，第二个参数为标签
ax = gca()
ax.spines['right'].set_color('none')
ax.spines['top'].set_color('none')
# 设置右和顶部脊柱为无色
ax.xaxis.set_ticks_position('bottom')
ax.spines['bottom'].set_position(('data',0))
ax.yaxis.set_ticks_position('left')
ax.spines['left'].set_position(('data',0))
# 设置底部和左脊柱的位置为数据 0 点
t=3*np.pi/4
```

```
plot([t,t],[0,np.sin(t)], color ='red', linewidth=5.5, linestyle="--")
scatter([t,],[np.sin(t),], 60, color ='red')
annotate(r'$\sin(\frac{3\pi}{4})=\frac{\sqrt{2}}{2}$',
     xy=(t, np.sin(t)), xycoords='data',
     xytext=(+10, +30), textcoords='offset points',
     fontsize=16,
arrowprops=dict(arrowstyle="->",connectionstyle="arc3,rad=.2"))
# 绘制特殊的点，用 annotate 函数，第一个参数为显示的内容，xy 参数为箭头尖端坐标，xytext 参数
为文字最左边起始坐标，xycoords 坐标系，arrowprops 箭头类型
show()
```

代码说明：

plot( ) 函数：用虚线的方式在 x 轴为 2π/3 处绘制一条红色的垂直虚线。

scatter( ) 函数：在 sin(3π/4) 处绘制一个点。

annotate( ) 函数：绘制标注，参数如下：

◆ 第一个参数：绘制的内容。

◆ xy：箭头尖端坐标。

◆ xycoords：坐标系。

◆ xytext：文字最左边起始坐标。

◆ arrowprops：箭头类型。

注释要点后，sin 函数图形绘制程序运行结果如图 4-20 所示。在 sin(3π/4) 处，注释了要点。

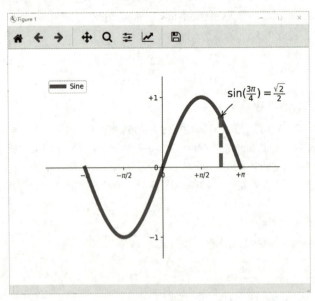

图 4-20　注释要点后 sin 函数图形绘制程序运行结果（见彩页）

经过以上步骤，绘制的 sin 正弦函数波形，x 取值范围为 –π 到 π，并移动脊柱，显示四个象限的内容，标注出了 sin(3π/4) 的值。

2．图的布局

图的布局使用了 subplot 函数。

程序代码：

```
from pylab import *
subplot(2,2,1)
# 产生两行两列的子图，先设置第一个子图
xticks([]), yticks([])
text(0.5,0.5, 'subplot(2,2,1)', ha='center', va='center', size=10,alpha=.5)
subplot(2,2,2)
# 设置第二个子图
xticks([]), yticks([])
text(0.5,0.5, 'subplot(2,2,2)',ha='center',va='center', size=13,alpha=1.0)
subplot(2,2,3)
# 设置第三个子图
xticks([]), yticks([])
text(0.5,0.5, 'subplot(2,2,3)',ha='center',va='center', size=16,alpha=1.5)
subplot(2,2,4)
# 设置第四个子图
xticks([]), yticks([])
text(0.5,0.5, 'subplot(2,2,4)',ha='center',va='center', size=20,alpha=2.0)
show()
```

代码说明：

◆ subplot( ) 函数：参数 (2,2,1) 表示产生一个两行两列的子图。

◆ text( ) 函数：绘制文本，前两个参数为坐标，第三个参数为绘制的内容。

图形布局程序运行结果如图 4-21 所示。这是一个有两行两列的图形，并且显示了文本的内容。

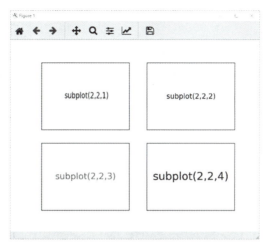

图 4-21　图形布局程序运行结果

3. 坐标轴

坐标轴和子图功能类似，不过它可以放在图像的任意位置。如果希望在一幅图中绘制一个小图，就可以用这个功能。

程序代码：

```
from pylab import *
axes([0.1,0.1,.8,.8])
xticks([]), yticks([])
text(0.6,0.7,'axes([0.1,0.1,.8,.8,hello])',ha='center',va='center',size=20,alpha=.5)
axes([0.2,0.2,.4,.4])
xticks([]), yticks([])
text(0.5,0.5,'axes([0.2,0.2,.3,.3,ok])',ha='center',va='center',size=16,alpha=.5)
show()
```

坐标轴程序运行结果如图4-22所示。在大图形中，绘制了一个小图，并且显示文本内容。

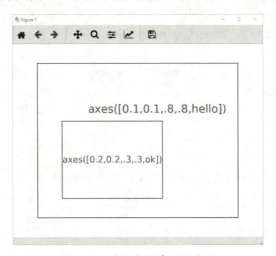

图4-22 坐标轴程序运行结果

4. 散点图

散点图是最常见的数据分布图，可以用scatter函数来绘制散点，该函数需要引用Matplotlib库，与绘图函数的调用形式基本一致，参数x，y为x轴和y轴的坐标向量；s和c为形状参数和颜色参数；alpha表示透明度，若alpha=0表示完全不透明，alpha=1则表示完全透明。

程序代码：

```
import numpy as np
import matplotlib.pyplot as plt
import time
np.random.seed(int(time.time()))
n = 116
X = np.random.normal(0,1,n)
```

```
Y = np.random.normal(0,1,n)
T = np.arctan2(Y,X)
# 产生绘制数据，T 为颜色
plt.scatter(X,Y, s=75, c=T, alpha=0.6)
plt.xlim(-1.5,1.5), plt.xticks([])
plt.ylim(-1.5,1.5), plt.yticks([])
plt.show()
```

代码说明：

> scatter 函数：
> - ◆ X，Y：要绘制点的对应数列。
> - ◆ s：大小。
> - ◆ c：颜色列表。
> - ◆ alpha：透明度，值在 0 到 1 之间，若 alpha=0 则表示完全不透明。

散点图程序运行结果如图 4-23 所示。因为是随机产生的散点，每次运行的散点位置分布不同。

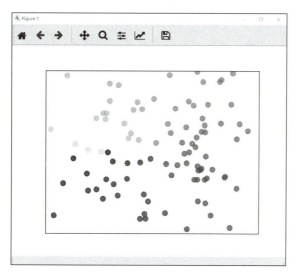

图 4-23 散点图程序运行结果（见彩页）

5．折线图

折线图也是一种常用的绘图方法。

首先建立了 7 个随机的点坐标，其中 x、y 轴的坐标分别保存在名为 x 和 y 的 numpy 数组中。用 6 种不同的线型绘制 6 条首尾相接的直线。利用 plot 函数绘图，传入一个完整向量，利用 plot 函数自动逐点连接。

程序代码：

```
1  import numpy as np
2  import matplotlib.pyplot as plt
```

数据分析与机器学习算法

```
3    import time
4    np.random.seed(int(time.time()))
5    N=7
6    x=np.random.rand(N)
7    y=np.random.rand(N)
8    plt.subplot(1,2,1).plot(x[0:2],y[0:2],"bs-")
9    plt.subplot(1,2,1).plot(x[1:3],y[1:3],"g--")
10   plt.subplot(1,2,1).plot(x[2:4],y[2:4],"r-")
11   plt.subplot(1,2,1).plot(x[3:5],y[3:5],"c-.")
12   plt.subplot(1,2,1).plot(x[4:6],y[4:6],"m:")
13   plt.subplot(1,2,1).plot(x[5:7],y[5:7],"y*--")
14   plt_s2=plt.subplot(1,2,2)
15   plt_s2.plot(x,y,"b-")
16   # 在两个子图内各自绘画
17   plt.show()
```

代码说明：

- ◆ 第 5～7 行：建立 7 个随机的点坐标。
- ◆ 第 8～13 行代码：用 6 种不同的线型绘制 6 条首尾相接的直线。
- ◆ 第 14 和第 15 行代码：利用 plot 函数自动逐点连接。

折线图程序运行结果如图 4-24 所示。图中绘制了 6 条不同线型、首尾相接的直线，连接了 7 个随机点。

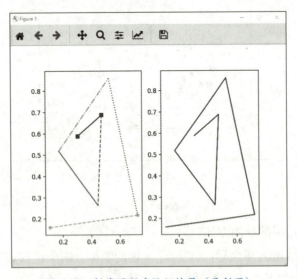

图 4-24 折线图程序运行结果（见彩页）

6．条形图

条形图（Bar 图）适合用于对比一簇数据，在 bar 函数的调用过程中，使用 facecolor、edgecolor 设置条块的颜色，其值按 R(red 红色)、G(green 绿色)、B(blue 蓝色) 分量的 16 进制数拼接而成。

text 函数可以在指定 x、y 位置输出字符串，同时可以使用 rotation 设置文字角度，使用 ha（horizontalalignment，水平）和 va（verticalalignment，垂直）设置对齐风格。

程序代码：

```python
import numpy as np
import matplotlib.pyplot as plt
n=10
X=np.arange(n)
Y1=(1-X/float(n))*np.random.uniform(0.5,1.0,n)
Y2=(1-X/float(n))*np.random.uniform(0.5,1.0,n)
plt.axes([0.025,0.025,0.95,0.95])
plt.bar(X,+Y1,facecolor='#13eac9',edgecolor='white')
plt.bar(X,-Y2,facecolor='#ff9999',edgecolor='white')
for x,y in zip(X,Y1):
    plt.text(x,y+0.05,'%.2f'%y,ha='center',va='bottom')
# 在柱状图的顶部绘制文本，前两个参数为坐标，第三个参数为显示数值
for x,y in zip(X,Y2):
    plt.text(x,-y-0.05,'%.2f'%y,ha='center',va='top')
plt.xlim(-.5,n),plt.xticks([])
plt.ylim(-1.25,+1.25),plt.yticks([])
plt.show()
```

代码说明：

- bar 函数：使用 facecolor、edgecolor 设置条块的颜色，其值按 R(红)、G(绿)、B(蓝)分量的 16 进制数拼接而成。
- text 函数：在指定 x、y 位置输出字符串，同时可以使用 rotation 设置文字角度，使用 ha（水平）和 va（垂直）设置对齐风格。

条形图程序的运行结果如图 4-25 所示。

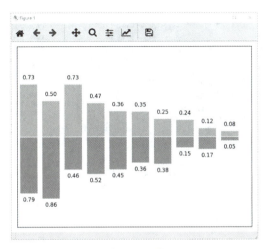

图 4-25　条形图程序运行结果

7. 饼图

Pie 图也就是平时所说的饼图，Pie 图适用于显示数据的比例。

程序代码：

```
import numpy as np
import matplotlib.pyplot as plt
# 让绘图显示汉字
plt.rcParams['font.sans-serif'] = ['SimHei']  # 用来正常显示中文标签
plt.rcParams['axes.unicode_minus'] = False  # 用来正常显示负号
# 各地区名字
name = [' 北京 ',' 天津 ',' 上海 ',' 河北 ',' 山东 ',' 浙江 ',' 云南 ',' 吉林 ',' 广西 ',' 宁夏 ',' 安徽 ']
place_count = [60605,54546,45819,28243,13270,9945,7679,6799,6101,4621,20105]
# 展现各地区的占比
plt.figure(figsize=(20, 8), dpi=100)
plt.pie(place_count, labels=name, autopct='%1.2f%%', colors=["#d58930", "#28cfed", "#236be2", "#bd59d5", "#2fcea7", "#ee4a4b", "#0c9cef", "#9999ff", "#ff9999", "#35ad6b", "#a442a0"])
# 指定显示的 Pie 图是正圆
plt.axis('equal')
plt.legend(loc='best')
plt.title(" 各地区占比示意图 ")
plt.show()
```

饼图程序运行结果如图 4-26 所示。在应用中如果遇到需要计算总体各个部分构成比例的情况，一般都是通过各个部分与总额相除来计算，但这种比例表示方法很抽象，此时就可以使用 Pie 图来表达各部分占比情况。

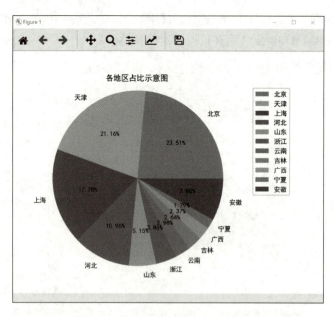

图 4-26 饼图程序运行结果（见彩页）

项\目\小\结

1）支持向量机的原理和应用。

2）应用支持向量机进行二分类。

多维特征的数据可以表达为多维空间中以特征向量作为坐标向量而表达的"点"，对这些数据分类，相当于寻找一个超平面，将空间中的点分为两个部分，距离超平面最近的点称为支持向量。从理论上考虑，只要维度足够，总能寻找到一个超平面完成类别的分割。因此，支持向量机被视为一个优秀的分类器，具有良好的学习能力。

3）用核函数方法处理线性不可分数据。

可以用核函数方法处理线性不可分数据，它可以将数据从低维空间映射到高维空间，最简单的核函数是线性核函数，还可以利用多项式和高斯核处理更加复杂的边界，低次多项式核函数的性能与线性核相近，而高次多项式核函数与高斯核相近。

4）使用 Matplotlib 库绘制数据图形，实现数据可视化。

拓\展\练\习

1．绘制 cos 函数，x 取值范围为 $-\pi$ 到 π，并移动脊柱，显示四个象限的内容，标注出 $\cos(\pi/2)$ 的值，如图 4-27 所示。

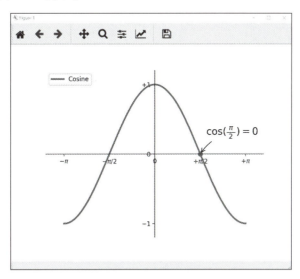

图 4-27　cos 函数图（见彩页）

2．针对以下数据集，编程求得一个支持向量机模型，写出判别式，并按下面要求绘图：

1）画出所有点的散点图，并且用不同的颜色表示分类。

2）利用判别式的参数在散点图上绘制分隔平面。

3．核函数的作用是什么？

Project 5

项目5
线性回归应用

项目导入

前面已经学习了4种分类算法，这些算法都应用于离散领域，即数据的标记都不是连续的标称型数据，而在实际应用中还有相当一部分预测工作是连续的，例如，预测明天的天气、下一阶段某商品的价格。本项目将介绍在连续值预测方面应用最广泛的线性回归算法，以及一些用途广泛的扩展算法。

学习目标

1. 掌握线性回归算法的原理
2. 能够应用线性回归算法进行连续值预测
3. 了解常用的对连续值预测偏差的度量指标
4. 了解线性回归的扩展应用

素质目标

培养学生的科学精神，开拓进取探索实践：科学技术是第一生产力，大力发展信息智能技术，增强国家科技创新能力，开拓进取，勇于实践，不断探索，在科学探索中求知求真求实，用科学的理论方法发现问题、分析问题，解决问题，培养科学素养，以科技创新开启国家发展新征程。

思维导图

本项目思维导图如图5-1所示。

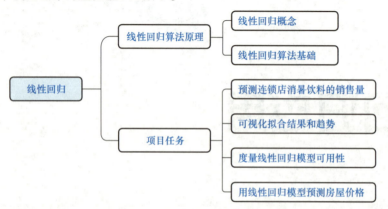

图 5-1 项目思维导图

项目 5 线性回归应用

知识准备

线性回归的概念

线性回归分析（Linear Regression Analysis）是确定两种或两种以上变量间相互依赖的定量关系的一种统计分析方法。这种变量间依赖关系就是一种线性相关性，线性相关性是线性回归模型的理论基础。

线性回归算法利用已有数据求得线性方程，可以利用特征对未知结果做出"预测"，由于算法是建立在著名的线性方程的基础上，所以这个方法被称为"线性回归"，同线性方程一样，在线性回归中也被称为权重矩阵，被称为偏置值。线性回归属于"监督学习"中的"回归"方法。

工程准备

扫码看视频

1. 应用方法：线性回归

线性回归是利用数理统计中的回归分析，来确定两种或两种以上变量间相互依赖的定量关系的一种统计分析方法，运用十分广泛。

在统计学中，线性回归是利用线性回归方程的最小平方函数对一个或多个自变量和因变量之间关系进行建模的一种回归分析。这种函数是一个或多个称为回归系数的模型参数的线性组合。回归分析中，只包括一个自变量和一个因变量，且二者的关系可用一条直线近似表示，这种回归分析称为一元线性回归分析。如果回归分析中包括两个或两个以上的自变量，且因变量和自变量之间是线性关系，则称为多元线性回归分析。

线性回归是回归分析中第一种经过严格研究并在实际应用中广泛使用的类型。这是因为线性依赖于其未知参数的模型比非线性依赖于其未知参数的模型更容易拟合，而且产生的估计的统计特性也更容易确定。

线性回归的来历

为什么叫"回归"这个名称，它有什么具体含义呢？实际上，回归这种现象最早由英国生物统计学家高尔顿在研究父母亲和子女的遗传特性时所发现的一种有趣的现象。

身高这种遗传特性表现出"高个子父母，其子代身高也高于平均身高；但不见得比其父母更高，到一定程度后会往平均身高方向发生'回归'"。这种效应被称为"趋中回归"。现在的回归分析则多半指源于高尔顿工作的那样一整套建立变量间数量关系模型的方法和程序。

高尔顿是生物统计学派的奠基人，他的表哥达尔文的巨著《物种起源》问世以后，触动他用统计方法研究智力进化问题，统计学上的"相关"和"回归"的概念也是高尔顿第一次使用的。

  1855年，他发表了一篇"遗传的身高向平均数方向的回归"文章，分析儿童身高与父母身高之间的关系，发现父母的身高可以预测子女的身高，当父母越高或越矮时，子女的身高会比一般儿童高或矮，他将儿子与父母身高的这种现象拟合出一种线性关系。但有趣的是，通过观察他注意到，尽管这是一种拟合较好的线性关系，但仍然存在例外现象：矮个的人的儿子比其父要高，身材较高的父母所生子女的身高将回降到人的平均身高。换句话说，当父母身高走向极端（非常高或者非常矮）的人的子女，子女的身高不会像父母身高那样极端化，其身高要比父母们的身高更接近平均身高。高尔顿选用"回归"一词，把这一现象叫作"向平均数方向的回归"（Regression Toward Mediocrity）。

  而关于父辈身高与子代身高的具体关系是如何的，高尔顿和他的学生K·Pearson观察了1078对夫妇，以每对夫妇的平均身高作为自变量，取他们的一个成年儿子的身高作为因变量，结果发现两者近乎一条直线，其回归直线方程为：$y=33.73+0.516x$，这种趋势及回归方程表明父母身高每增加一个单位时，其成年儿子的身高平均增加0.516个单位。这样当然极端值就会向中心靠拢。

2．使用工具：numpy 和 sklearn 模块

（1）numpy 模块

（2）sklearn 模块

用 sklearn 包中的 linear_model 实现线性回归。

3．Matplotlib 模块

使用 Matplotlib 绘制图形。

扫码看视频

任务 1 预测连锁店消暑饮料的销售量

  连锁便利店的店面面积都不大，没有大量储存货品的能力，针对连锁店来说，如果能精确计算出每天的补货量，特别是对一些季节性强的货品进行统一配送，将在节约能源和提高店面使用率上起到很好的作用。"AI美邻"连锁店需要对夏季冷饮类货品进行精确配送。这个需求需要较好地预测第二天每个连锁店的销售量，而这个预测，当然要依据以往的销售情况，对于冷饮这类季节性强的货品销售量与气温、当地常住人口、店面交通便捷程度等因素都有较大关系。为方便说明和理解，只考虑气温、当地常住人口、店面交通情况因素，通过以往销售数据的记录，整理得到表 5-1 中的数据。

表 5-1 门店环境和销售数据

序 号	500m 内公交站点数	气温/℃	常住人口数/（万人）	消暑饮料销售量/件
1	3	40	6	50
2	5	34	5	45
3	3	21	7	36
4	3	26	6	38
5	5	7	6	25
6	6	29	9	49
7	5	12	6	29
8	4	39	10	57
9	4	25	6	39
10	2	22	7	36
11	2	19	9	38
…	…	…	…	…
327	4	35	7	48
328	4	30	7	44
329	5	33	10	53
330	4	20	8	38
331	2	11	5	24
332	3	33	8	48
333	3	27	10	47
334	5	35	9	53
335	3	22	8	39

使用线性回归算法进行消暑饮料的销售量预测，需要通过这些数据得到一个形如 $y=k_1x_1+k_2x_2+k_3x_3+b$ 的方程，其中 y 表示销售量，x_1、x_2、x_3 代表 500m 内公交站点数、气温和常住人口数 3 个特征，k_1、k_2、k_3 为 3 个特征的影响因子，b 为偏置量（修正量）那么显而易见的，上面方程的向量形式可以表达称为：$y=\omega X+b$。

ω 表达了向量 $[k_1, k_2, k_3]^T$，X 则表达向量 $[x_1, x_2, x_3]$，对于这个模型只要用以往销售记录中的 y 和 $[x_1、x_2、x_3]$ 数据计算出 ω 和 b，之后就可以通过给定新的 $[x_1、x_2、x_3]$ 计算销售量了。

和前面的做法一样，我们将数据集和测试集分为两个文件，这样在处理大型数据集时，不会因一次性装载所有数据而消耗过多的计算资源。

另外本项目的装载数据部分也使用了更高效的方法，求解预测销售量模型的程序代码如下：

```
1   # -*- coding: utf-8 -*-
2   import numpy as np
3   from sklearn import linear_model as lnrmd
4   table=np.loadtxt("ddcre.csv",delimiter=",")
5   x=table[:,0:3]
6   y=table[:,3]
7   regr = lnrmd.LinearRegression()
8   regr.fit(x,y)
9   # 查看模型
10  print ("w: ",regr.coef_ )
11  print ("b: ",regr.intercept_ )
12  table=np.loadtxt("ddtest.csv",delimiter=",")
13  T_x=table[:,0:3]
14  T_y=table[:,3]
15  print (regr.score(Test_x,Test_y))
16  print (regr.predict([[45,2,18]]))
```

程序一共16行,其中第3行引入 linear_model,并用 lnrmd 作为简写名称。在本项目的程序中,换了一种更便捷的文件读写方式,不同于前面最基本的逐行读入,即第4行代码:

```
4   table=np.loadtxt("ddcre.csv",delimiter=",")
```

作为程序的输出,它向屏幕打印了以下内容[①]:

w: [0.90121286 0.79978685 1.89618709]
b: 3.5407731642165174
0.9989154729394262
[40.81164493]

这就是求得的模型的关键参数。为了测试模型是否正确,需要进行模型测试,观察预测销售量模型在测试集数据上的表现,代码如下:

```
12  table=np.loadtxt("ddtest.csv",delimiter=",")
13  T_x=table[:,0:3]
14  T_y=table[:,3]
15  print (regr.score(Test_x,Test_y))
```

这时程序输出0.98,在回归类预测中该数据越接近1,表示预测的优度越好,它被称为 R^2 分数(R^2_score),也称为决定系数,求出的模型的决定系数越高,说明模型的响应越好,若在测试集上求出的决定系数较低,就是"欠拟合"(训练过程不充分)。

这时可以将新的500m内公交站点数、气温、常住人口数数据输入模型,即可得到预测的销量,代码只有如下1行:

```
16  print (regr.predict([[5,22,8]]))
```

得出的结论类似:[40.81164493],即在22℃气温、附近有5个公交站点、常住人口数

---

① 由于输入数据差异或计算机对小数点取舍的不同,显示的结果会有差异,读者观察类型和数据形状相同,并理解其含义即可,其他程序也会如此。

为 8 万人的情况下，销售量大约是 41 件。

利用这样的模型，连锁店就可以决定第二天的送货量了。

任务 2　可视化拟合结果和趋势

完成线性回归后，想要直观地看到预测的趋势，需要绘图解决，上一个项目已经体验了使用 Matplotlib 进行数据可视化的基本方法，本任务中将进一步开发图像的表达"能力"。

对于一般平面图像，通常标以 x 轴 y 轴，只能表达两个量之间的关系，称为"二维图像"，只能表达一个特征与结果间的关系。但在绘制图像时可以扩展表达能力，例如，绘制散点图时，用 x 轴表达气温特征，用 y 轴表达表达人口特征，然后用点的颜色灰度表达销售量，还可以用点的大小和形状表达公交站的数量。

程序代码：

```
1  import numpy as np
2  import matplotlib.pyplot as plt
3  table=np.loadtxt("fig31.csv",delimiter=",")
4  cm = plt.cm.get_cmap('Greys')
5  plt.scatter(table[:,1], table[:,2], c=table[:,3], s=table[:,0] * 10, cmap=cm)
6  plt.show()
```

程序的运行结果如图 5-2 所示。

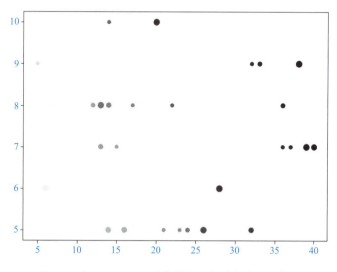

图 5-2　气温、人口、销售量与公交站数量的趋势图

程序第 3 行用 numpy 的 loadtxt 函数获取数据后，第 4 行先用 cm = plt.cm.get_cmap('Greys') 产生灰度表，然后用以下语句直接绘图：

plt.scatter(table[:,1], table[:,2], c=table[:,3], s=table[:,0] * 10, cmap=cm)

本程序在使用 scatter 函数时，将数据集的第 1、2 列数据（气温和人口）分别映射到了 x 轴和 y 轴，c 参数可以单独使用，也可以和 cmap 联合运用，如果 cmap 先指定一种颜色系，则 c 列表内的数字代表是该颜色系内的颜色，"c=table[:,3]" 就是将数据集的数量与灰度对应。s 参数是指定点标记的绘制直径，本程序利用 "s=table[:,0]" 将车站数目映射其中，由于数值较小不易观察，所以这里将直径放大 10 倍显示。

通过上面的程序，已经彻底挖掘了二维图像的表达能力，但即使这样，在多个特征表达方面，图像表达的效果确实不能达到"一目了然"的程度。

下面可以尝试用一个三维坐标表达表 5-1 中的 "500m 内公交站点数、气温和常住人口"特征，用点的颜色灰度表达销售量。

程序代码：

```
1  import numpy as np
2  import matplotlib.pyplot as plt
3  from mpl_toolkits.mplot3d import Axes3D
4  table=np.loadtxt("fig31.csv",delimiter=",")
5  fig=plt.figure()
6  ax = Axes3D(fig)
7  cm = plt.cm.get_cmap('Greys')
8  ax.scatter(table[:, 0],table[:, 1], table[:, 2], c=table[:,3] ,cmap=cm)
9  plt.show()
```

该程序得到三维图像如图 5-3 所示。

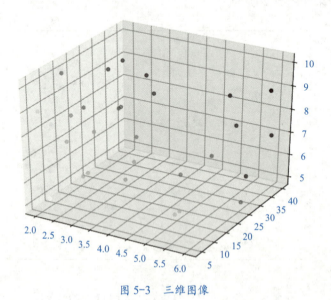

图 5-3　三维图像

从该图像可以看到，人口越多、气温越高、车站越多，点的颜色越深，三维图像比二维要直观一些。

程序中利用 ax = Axes3D(fig) 创建一个绘制三维图的对象，然后用以下语句绘制三维图：

ax.scatter(table[:,0],table[:,1], table[:, 2], c=table[:,3] ,cmap=cm)

前三个参数分别是三维图的 x、y、z 轴的列表，分别映射了车站、气温和人口数据，然后用供货数量来指定灰度，还是使用 c 和 cmap 参数。

这时可以发现一个规律，图像维度越高，能够表达的特征数量越多，图像越直观。但目前只有二维和三维图像，只能观察维度较少的数据，对于多维度特征我们将在后面的学习中利用特征降维的方法把无法在三维世界中直接呈现的数据简化压缩后再进行观察。

任务 3　度量线性回归模型可用性

任务 1 中提到在线性回归预测中 R^2 分数越接近 1，表示预测的优度越好，如图 5-4 所示。对回归算法，预测的优良程度由预测值和测试集数据的偏差表达。

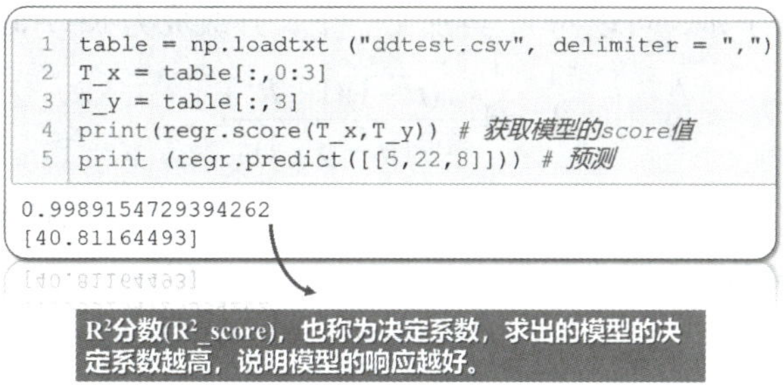

```
1  table = np.loadtxt ("ddtest.csv", delimiter = ",")
2  T_x = table[:,0:3]
3  T_y = table[:,3]
4  print(regr.score(T_x,T_y))  # 获取模型的score值
5  print (regr.predict([[5,22,8]]))  # 预测
0.9989154729394262
[40.81164493]
```

R^2 分数(R^2_score)，也称为决定系数，求出的模型的决定系数越高，说明模型的响应越好。

图 5-4　模型的决定系数越高响应越好

常用的对连续值预测偏差的测量方法共有 4 种，其中只考察预测值与真实值的指标有以下 3 种：

1）均方误差（Mean Squared Error，MSE）。公式如下：

$$\text{MSE} = \frac{1}{m}\sum_{i=1}^{m}(y_i - \hat{y}_i)^2 \qquad (5\text{-}1)$$

式中，y_i 是测试集上的预留真实结果；$\hat{y}_i$ 是模型的预测值。读者可以看到均方误差与方差一致。

2）均方根误差（Root Mean Squard Error，RMSE）。公式如下：

$$\text{RMSE} = \sqrt{\frac{1}{m}\sum_{i=1}^{m}(y_i - \hat{y}_i)^2} \qquad (5\text{-}2)$$

均方误差有一个问题是会改变量纲。因为公式平方了，比如说 y 值的单位是万元，MSE 计算出来的是万元的平方，对于这个值难以解释它的含义。所以为了消除量纲的影响，可以对这个 MSE 开方，得到的结果就是第二个评价指标：RMSE。可以看出，RMSE 如其英文原意一样，是 MSE 的算术平方根，而且它与标准差一致。

3）平均绝对误差（Mean Absolute Error，MAE）。公式如下：

$$\text{MAE} = \frac{1}{m}\sum_{i=1}^{m}|y_i - \hat{y}_i| \tag{5-3}$$

整体误差程度的测量不能出现因误差的"正负"值分布而减少误差数值的情况，所以前面 MSE、RMSE 两个指标利用平方运算去掉正负号，那么很自然也直接使用绝对值运算去除"正负号"，从这点考虑，前三个指标都只考虑测试集的预留真实结果和模型的预测值之间的差。显而易见，这 3 个指标越大误差越大，但是数量样本均匀时，该三个指标自然会加大，所以不足以说明总体误差情况，于是又引入如下衡量指标：

4）R-Squared 和 $R^2\_Adjusted$。R-Squared 公式如下：

$$R^2 = 1 - \sum_{i=1}^{m}\frac{(y_i - \hat{y}_i)^2}{(y_i - \bar{y}_i)^2} \tag{5-4}$$

可以看出，R^2 的取值范围是 [0,1]，一般来说，R-Squared 越大，表示模型拟合效果越好。R^2 反映的是大概有多准，因为随着样本数量的增加，R^2 必然增加，无法真正定量说明准确程度，只能大概定量。于是，可以对 R^2 再加工一下，升级成为 $R^2\_Adjusted$ 公式：

$$R^2 = 1 - \frac{(n-1)(1-R^2)}{(n-p-1)} \tag{5-5}$$

式中，n 是样本数量；p 是特征数量。Adjusted R-Squared 抵消样本数量对 R-Squared 的影响，取值范围还是 [0,1]，且越大越好。

在任务 2 中直接调用的 r2_score(y_test,y_predict) 是 R-Squared，如果需要更精确的衡量，可使用以下代码：

Ar=1-((n-1) * (1-r2_score(y_test,y_predict)))/(n-p-1)

其中，y_test 是测试样本集，y_predict 算法的预测结果集。

任务 4　用线性回归模型预测房屋价格

现有房屋面积对应价格的一组数据见表 5-2。尝试使用线性回归方法，拟合出一条直线，并对指定的新样本点（500）进行房价预测，给出预测值，并用图形显示预测情况。

表 5-2　房屋面积和对应价格表格

序号	房屋面积（square_feet）	价格（price）
1	150	6450
2	200	7450
3	250	8450
4	300	9450
5	350	11450
6	400	15450
7	600	18450

项目 5 线性回归应用

程序代码：

```python
from io import StringIO
import pandas as pd
from sklearn import linear_model
import matplotlib.pyplot as plt
import numpy as np

def get_data(file_name):
    """
    获取 csv 数据, 给出自变量 x, 因变量 y 的 list
    :param file_name:
    :return:
    """
    data = pd.read_csv(file_name)
    x, y = [], []
    for i, j in zip(data['square_feet'], data['price']):
        x.append([float(i)])
        y.append(float(j))
    return x, y


def main():
    # 输入文本，为了方便重现，直接将 csv 文件改为通过 StringIO 方法输入
    input_data = StringIO('square_feet,price\n150,6450\n200,7450\n250,8450\n300,9450\n350,11450\n400,15450\n600,18450\n')

    # 划分训练集自变量与因变量
    x_train, y_train = get_data(input_data)

    # 创建对象，训练数据，输出回归函数参数
    regr = linear_model.LinearRegression()
    regr.fit(x_train, y_train)
    print(" 截距：" + str(regr.intercept_))
    print(" 斜率：" + str(regr.coef_))

    # 两种方式测试结果
    test = [500]
    print(regr.predict(np.array(test).reshape(1, -1)))
    print(500 * regr.coef_ + regr.intercept_)

    # 画图，包括训练集、回归函数和测试结果
```

```
    plt.scatter(x_train, y_train, color='blue')
    plt.scatter(test, regr.predict(np.array(test).reshape(1, -1)), color='black')
    plt.plot(x_train, regr.predict(x_train), color='red', linewidth=4)
    plt.show()

if __name__ == '__main__':
    main()
```

运行结果如下，图像如图 5-5 所示。

截距：1771.8085106382969
斜率：[28.77659574]
[16160.10638298]
[16160.10638298]

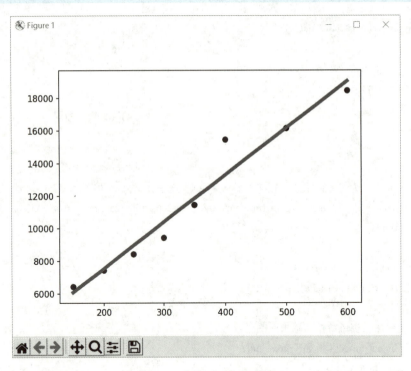

图 5-5　房价预测拟合直线

线性回归的扩展

线性回归可以有多种变形以适应其他情况，例如可以将线性回归发展成非线性回归。首先用 ln 函数，公式如下：

$$\ln(y)=\omega x+b \tag{5-6}$$

这时就出现了对数回归，如图 5-6 所示。如果预测值和特征值的关系是非线性的，就可以尝试使用各种非线性的回归方法。

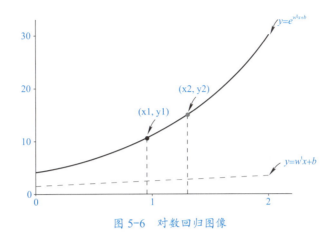

图 5-6 对数回归图像

对数回归经过变形还可以成为分类算法，其原理是复合使用 Sigmoid 函数。

图 5-7 中的实线为 Sigmoid 函数，它是阶跃函数（图 5-7 中的虚线）的替代方案，考察阶跃函数可以发现当 x 变化时，y 值只有 0、1 两种情况，那么阶跃函数实际上可以用作分类，但是由于阶跃函数是非连续的，使用不方便，所以通常使用连续的 Sigmoid 函数替代阶跃函数。

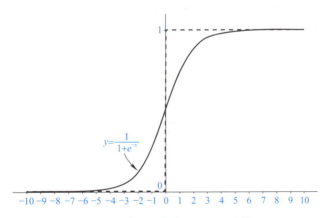

图 5-7 阶跃函数和 Sigmoid 函数

Sigmoid 函数的原型如下：

$$y = \frac{1}{1+e^{-z}} \tag{5-7}$$

结合对数回归通过函数变形后可推导出：

$$\ln(y)\,ln=\frac{1}{1-y}=\omega x+b \tag{5-8}$$

式 5-8 中 1−y 和 y 加起来为 1，恰可以分别表达概率的"正面可能"和"反面可能"，考虑有 ln 运算，所以称为对数概率回归，但是这个回归的用途是分类。而且其最优秀的性质还是求 ω 和 b，这也是线性回归的一个用途非常广泛的变形。

项\目\小\结

1）线性回归的概念。

2）应用线性回归进行连续值预测。

3）回归算法的优良程度由预测值和测试集数据的偏差表达。

4）回归算法中最好用 R^2 及 $R^2\_Adjusted$ 度量优度，R2 及 R2_Adjusted 的取值范围都是 [0, 1]，其值越大优度越好。

拓\展\练\习

1．表 5-3 中的数据来自某拟合算法，请计算该算法的 RMSE、MAE 和 R^2。

表 5-3　来自某拟合算法的数据表

	数据1	数据2	数据3	数据4	数据5	数据6	数据7	数据8	数据9	数据10
真实值	71.96	18.87	27.76	17.37	38.20	35.65	23.18	4.06	58.91	40.87
拟合值	1.95	18.95	27.91	17.25	38.43	35.33	23.38	4.05	59.33	40.54

2．针对习题 1 绘图，分别用红色和蓝色表示真实值和拟合值。

3．表 5-4 中的数据是某产品价格随原材料和市场需求波动的数据记录，针对下面数据使用拟合算法，预测该产品的价格。

表 5-4　产品价格记录表

原材料价格/（元/吨）	市场缺货数量/（万件）	每件（1000支）产品历史价格/元
2000	20	3524
1500	23	2777.6
2200	20	3824
1600	28	2933.6
2100	28	3683.6
2000	29	3534.8
1500	15	2768
2000	24	3528.8
2100	27	3682.4
1900	20	3374
1900	32	3388.4
1700	23	3077.6
1700	25	3080
2200	28	?
2100	21	?

4．绘制习题 3 的数据分布图和趋势图。

5．在拟合过程中，是否需要对数据集均一化？原因是什么？

Project 6

项目6
K-means算法及应用

项目导入

在利用人工智能算法解决问题时，除了利用已经给定答案的数据集进行建模以外，还可以利用未给定答案的数据，通过人工智能算法发现新问题以及辨析规律，这种应用方法统称为"非监督学习"。所谓非监督学习，即训练集的数据没有标记，需要人工智能方法从数据中找到特定的"规律"。本项目将介绍一种常见的非监督学习方法——K-means聚类算法（K-means Clustering Algorithm）。

学习目标

1. 掌握数据分析算法K-means的原理
2. 能够应用K-means算法进行聚类
3. 能够应用数据降维的方法简化数据

素质目标

培养学生的进取精神，养成良好习惯： 自强不息，积极进取，励志向上，有所作为。有恒心和毅力，坚持到底。不积跬步，无以至千里，激励学生随时记录程序调试的错误，培养良好的学习习惯。严格自律，养成良好生活习惯，主动学习，增长知识，充盈内心。

思维导图

本项目思维导图如图6-1所示。

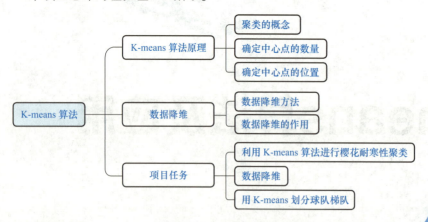

图6-1 项目思维导图

项目 6
K-means算法及应用

知识准备

扫码看视频

K-means 算法原理

现有一个北方公园想要种植樱花,因为地处北方,冬日寒冷,只能种植耐寒的樱花,那么必须要了解哪些樱花是耐寒的,而樱花的种类有数十种,如何辨别哪些樱花种类适合在北方公园种植呢?一种方法是试种所有种类,然后根据试种结果进行筛选。这个方法当然可行,但是还有其他更好的办法吗?另一种方法是按照若干与耐寒性相关的生物化学参数,将这些樱花聚集为几类,然后在每一类里试种一个代表,或通过资料查证同类别樱花的表现,从而得出哪一类是耐寒性的。第二种方法被称为"聚类"。

由此可以看出,聚类是将已有的数据分为几个类型,是具有十分重大的意义的。而聚类是不同于分类的,事先无法确定这些樱花到底能够分为几类,通过聚类算法来确定数据能够被聚合成几个群体,群体也称为簇(Cluster),这就是聚类的特点。由于使用到的樱花数据是不具有标记信息的,所以聚类算法不需要对数据进行标定,属于无监督学习。

假设有 500 个二维的散点,散点的分布绘制图如图 6-2 所示。根据散点分布绘制图,很容易得出散点可以分为两类,左上角一类和右下角一类。那么刚刚是根据什么条件做出的判断?大部分读者是根据"距离"的直觉,观察图中的点,发现这些点应该存在两个密度中心,所有散点分散在这两个中心的周围,由此推断出散点可以被分为两类。

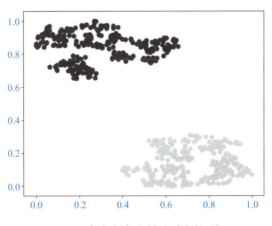

图 6-2 散点分布绘制图(见彩页)

聚类有两种类型,一种是硬聚类,另一种是软聚类,本书只讨论每个数据点只能属于单个类的硬聚类,图 6-2 讲述的例子就属于硬聚类。

聚类的首要概念是聚类中心,中心点的数量与需要聚类的数量一致,一旦中心确定后,只需考虑将数据点归置到较近的中心点即可。所以聚类的关键问题就转换成如何确定中心点的数量和位置。

1. 确定中心点的数量

观察图 6-2 所示的 500 个散点,可以得到一个直观结论,即类别数取决于图中有多少个"质心",而质心的确定取决于与各质点与簇内样本点的平方距离误差(The Sum of Squares Dueto Error,SSE)。对于一个簇,它的平方距离误差越低,代表簇内成员越紧密;平方距离误差越高,代表簇内结构越松散。如图 6-3 和图 6-4 所示,拥有两个质心时,质心与簇内样本点的平方距离误差,明显小于只有一个质心时的平方距离误差。

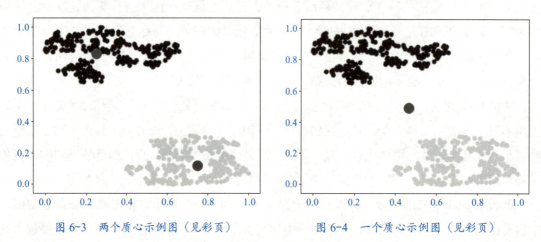

图 6-3 两个质心示例图(见彩页)　　图 6-4 一个质心示例图(见彩页)

很明显,平方距离误差会随着类别的增加而降低,当极限情况下,质心数目与质点数量一致,即各点自成一类,那么平方距离误差将为 0,但对于有一定区分度的数据,在达到某个临界点时畸变程度会得到极大改善,之后缓慢下降,这个临界点就可以考虑为聚类性能较好的点。

假设现有某数据集,在分类数(k)为 1~8 时,SSE 和分类数的对应图像如图 6-5 所示。

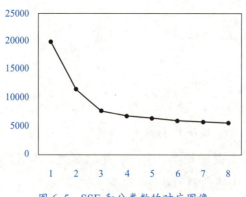

图 6-5 SSE 和分类数的对应图像

从图中可以看出,当 $k=3$ 时,畸变程度得到大幅改善,也就是这个点是相比较来说最弯曲的一个点,所以考虑选取 $k=3$ 作为聚类数量。一般来说,该类图像都会展现一个肘部

项目 6
K-means算法及应用

轮廓，所以也叫作手肘图，选取肘部曲率最高时的 k 值作为最佳聚类数较为适宜。图中的曲率指半径的倒数，具体值也可以通过左右邻接点求出。

2．确定中心点的位置

假设通过手肘图得知，需要将图6-6中的数据聚集成3类，可以通过如下步骤确定中心点的位置。

1）任意选择3个点作为类别的中心点，例如，选中了6、7、8号点为初始中心点，然后根据"就近原则"将其他的点进行归类，由此就得到三个类别的结果是，7、9一类，8、1一类，2、3、4、5都相较6更近，分为一类，结果如图6-7所示。

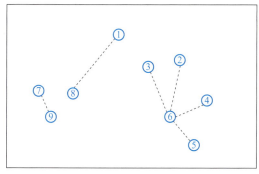

图6-6　任意9个点分布图

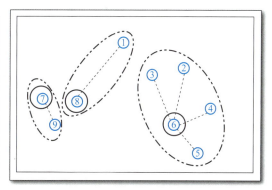

图6-7　第一步的聚类结果

2）计算虚拟中心，利用虚拟中心，再次聚类。

在已经得到的每一类所包含的点中，继续计算这个分类的中心点，例如，7、9这一类，计算出点7和点9的虚拟中心点，其他类别同理可得各自类别的虚拟中心点，如图6-8所示，图中的方形为虚拟中心点。再利用这些虚拟的中心点，对点1至点9这9个点重新聚类。得到图6-9所示的结果，7、8、9分为一类，1、3分为一类，2、4、5、6为一类，聚类结果发生变化。

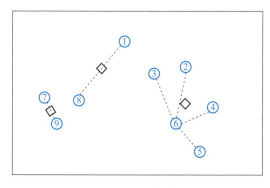

图6-8　计算虚拟中心

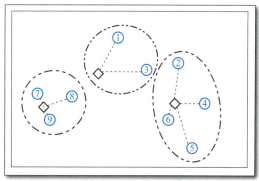

图6-9　第二步的聚类结果

3）继续计算每一类的中心点，再次聚类，结果分别如图6-10和图6-11所示。

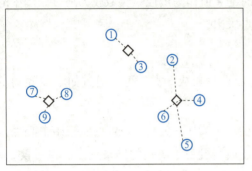
图 6-10 继续计算虚拟中心

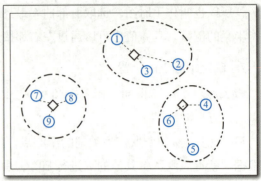
图 6-11 第三步的聚类结果

4)重复第 3)步的过程,直至中心点和归类的点不再发生变化,得到最终聚类结果,1、2、3 为一类,4、5、6 为一类,7、8、9 为一类,如图 6-12 所示。

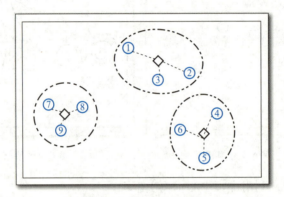
图 6-12 最终的聚类结果

以上聚类的环境是一个二维空间,可表达的数据维度是 2 维,采用就近原则,使用的是平面的两点间距离公式来计算:

$$d = \sqrt{(x_i - x_j)^2 + (y_i - y_j)^2} \tag{6-1}$$

如果数据变为 n 维,则需要使用 n 维空间的距离计算公式:

$$d((x_1,\cdots,x_n),(y_1,\cdots,y_n)) := \sqrt{(\sum_{i=1}^{n}(x_i - y_i)^2)} \tag{6-2}$$

工程准备

1. 应用方法:K-means 算法

聚类被认为是机器学习中最常使用的技术之一,它历史悠久、应用广泛,应用于环境学、医学、生物学、天文学、经济学等领域。其中 K-means 算法是最为常用的聚类算法之一,K-means 算法简单而有效,使机器能够将具有相同属性的样本归置到一起。与分类不同,对于一个分类器,通常需要告诉它一些"这个样本被分成哪些类"的标签,在最理

项目 6
K-means算法及应用

想情况下,一个分类器会从所得到的训练集中进行"学习",将这种提供训练的过程称为"监督学习"。但是在聚类下,并不关心某一类是什么,目的是将相似的样本归置在一起,这样一个聚类算法通常只要知道该如何计算样本间的相似度并将相似样本归并到一起就可以操作了,因此,聚类通常并不需要使用训练数据进行学习,这在机器学习中被称作"无监督学习"。K-means 算法就是这种用于统计的无监督聚类技术。

聚类的目的也是要把数据进行分类,但是采用的数据是没有标记分类结果的数据,完全依靠算法来判断各个数据之间的关系,最终得到聚类结果。

聚类的算法有几十种之多,K-means 算法是聚类算法中最常用的一种,其最大的特点是简单、容易理解、运算速度快,但是值得注意的是,K-means 的类别数是需要提前人为设定的。

K-means 算法步骤:

1)(随机)选择 K 个聚类的初始中心。

2)对任意一个样本点,求其到 K 个聚类中心的距离,将样本点归类到距离最小的中心的聚类,如此迭代 n 次。

3)每次迭代过程中,利用均值等方法更新各个聚类的中心点(质心)。

4)对 K 个聚类中心,利用第 2)、3)步迭代更新后,如果位置点变化很小(可以设置阈值),则认为达到稳定状态,迭代结束,对不同的聚类块和聚类中心可选择不同的颜色标注。

K-means 算法优点:

1)原理比较简单,较易实现,收敛速度快。

2)聚类效果较优。

3)算法的可解释度比较强。

4)需要调参的参数主要是簇数 K。

K-means 算法缺点:

1)K 值的选取不好把握。

2)对于不是凸的数据集比较难收敛。

3)如果各隐含类别的数据不平衡,如各隐含类别的数据量严重失衡,或者各隐含类别的方差不同,则聚类效果不佳。

4)最终结果和初始点的选择有关,容易陷入局部最优。

5)对噪声和异常点比较敏感。

> **K-means 的发展历史**
>
> K-means 算法具有悠久的历史,并且也是最常用的聚类算法之一。K-means 算法实施起来非常简单,因此它非常适用于机器学习的新手爱好者。
>
> 1957 年,贝尔实验室将标准算法用于脉冲编码调制技术。1965 年,E.W. Forgy 发表了本质上相同的算法"Lloyd-Forgy 算法",更高效的版本则被

> Hartigan and Wong 提出。
>
> 1967 年，James MacQueen 在他的论文《用于多变量观测分类和分析的一些方法》中首次提出"K-means"这一术语，他总结了 Cox、Fisher、Sebestyen 等的研究成果，给出了 K-means 算法的详细步骤，并用数学方法进行了证明。
>
> K-means 算法是经典的基于划分的聚类算法，已经被国内外学者研究多年，并且在商业、工业等领域广泛应用，如用于商业银行客户信息细分、微博热点词汇挖掘、图形分割等。

2．使用工具：Kmeans、Pandas 模块

（1）Kmeans 模块

基于 Python 开发的第三方机器学习算法库 scikit-learn 提供 Kmeans 模块，可以直接将其应用于聚类问题。值得注意的是，编写程序前要先用 pip install scikit-learn 命令安装第三方库。

在 sklearn 中有两个 Kmeans 模块，一个是传统的 K-means 算法，对应的类是 Kmeans；另一个是基于采样的 Mini Batch K-means 算法，对应的类是 MiniBatchKmeans。本项目中将会采用类 Kmeans 进行实现。

（2）Pandas 模块

Pandas 是基于 NumPy 的一种工具，该工具是为解决数据分析任务而创建的。Pandas 纳入了大量库和一些标准的数据模型，提供了高效地操作大型数据集所需的工具。Pandas 提供了大量能快速便捷地处理数据的函数和方法。它是使 Python 成为强大而高效的数据分析环境的重要因素之一。

Pandas 是 Python 的一个数据分析包，最初由 AQR Capital Management 于 2008 年 4 月开发，并于 2009 年底开源出来，目前由专注于 Python 数据包开发的 PyData 开发团队继续开发和维护，属于 PyData 项目的一部分。Pandas 最初被作为金融数据分析工具而开发出来，因此它为时间序列分析提供了很好的支持。Pandas 的名称来自于面板数据（Panel Data）和 Python 数据分析（Data Analysis）。Panel Data 是经济学中关于多维数据集的一个术语，在 Pandas 中也提供了 panel 的数据类型。

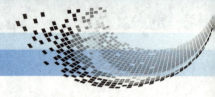

扫码看视频

任务1 利用 K-means 算法进行樱花耐寒性聚类

现有 10 种樱花的 12 种耐寒生化指标，如图 6-13 所示，本任务将利用 K-means 算法对樱花数据进行聚类。图 6-13 中数据第 1 行是各列的列名，第 2～11 行是 10 种樱花的详细数据，列 A 是樱花名称，列 B 至 M 是 12 维的特征参数。

项目 6
K-means算法及应用

樱花种类、耐寒生化指标	0-sod	-10-sod	-20-sod	-40-sod	0-MDA	-10-MDA	-20-MDA	-40-MDA	0-EC	-10-EC	-20-EC	-40-EC
FH	39.74	169.49	3844.19	1914.44	16.94	11.87	16.77	12.90	145.77	578.40	196.17	2146.00
ZFH	2903.77	1223.82	1131.94	367.53	14.96	13.42	11.35	13.93	206.00	596.00	396.00	1637.00
HG	14934.00	611.94	2710.06	469.41	11.35	9.80	12.38	13.16	115.13	1084.00	218.00	1447.00
XSS	2354.35	148.39	671.16	1241.33	14.28	9.55	11.09	15.22	89.03	604.00	182.80	1447.00
DH	6424.24	3553.14	1809.36	3768.09	12.90	10.84	12.38	14.71	207.00	615.00	292.67	1344.00
HJ	4402.76	785.03	1342.47	1511.38	8.60	11.09	10.84	12.13	138.63	920.00	297.00	2295.00
HFF	4813.33	1223.82	1936.36	308.11	21.16	10.58	3.10	26.83	119.77	480.00	93.60	1895.00
DY	1907.20	5700.00	3805.85	1789.20	14.71	19.35	34.06	14.96	195.77	729.00	283.67	924.00
MDY	14934.00	961.18	2903.77	2768.57	13.33	11.61	12.90	18.32	186.20	840.00	216.00	1899.00
ZH	4758.72	779.28	4600.71	117.01	14.53	11.61	16.51	13.42	141.07	815.00	314.67	1331.00

图 6-13 10 种樱花的 12 种耐寒生化指标

（1）计算并绘制手肘图，以确定中心点的数量，即聚类的数目

导入第三方库 numpy（如果未安装 numpy 库，请用 pip install numpy 进行安装）：

```
import numpy as np
```

导入库 sklearn cluster 中的 K-means 算法对应的 K-means 类：

```
from sklearn.cluster import KMeans
```

导入 K-means 算法需要使用的欧式距离 cdist：

```
from scipy.spatial.distance import cdist
```

导入画图相关的包：

```
import matplotlib.pyplot as plt
```

导入读取文本文件的包：

```
import pandas as pd
```

读取文件樱花数据：

```
fn = "yhkdx.csv"
df = pd.read_csv(fn)
```

由于樱花数据的第 1 行是数据标签，去掉第 1 行后，将值赋值给 sub_df：

```
sub_df = df.values[:, ]
```

将 X 赋值为樱花特征的数据，去掉樱花的名称：

```
X = sub_df[:, 1:]
```

绘制手肘图，确定中心点数量，首先设定中心点数量的范围为 1～9：

```
K = range(1, 10)
```

mean_dist 存储每种情况下的 SSE：

```
mean_dist = []
```

测试 9 种不同聚类中心数量下，每种情况的 SSE，并作图：

```
for k in K:
```

类别数 n_clusters 等于 k 时，进行一次 Kmeans 聚类：

```
    kmeans = KMeans(n_clusters=k)
```

使用训练集 X 训练模型：

```
kmeans.fit(X)
```

计算并保存类别数 k 的 SSE，SSE 等于所有点与对应中心的距离的均值：

mean_dist.append(sum(np.min(cdist(X, kmeans.cluster_centers_, 'euclidean'), axis=1)) / X.shape[0])

绘制手肘图，传入 x 轴、y 轴数据：

plt.plot(K, mean_dist, 'bx-')

设置 x 轴的名称、y 轴的名称：

plt.xlabel('k')

plt.ylabel('SSE')

设置手肘图的标题：

plt.title('Selecting k with the Elbow Method')

显示手肘图：

plt.show()

运行程序可以得到图 6-14 所示的手肘图，通过分析手肘图的各类别所对应点的曲率，就可以得出聚类的数目应为 2。

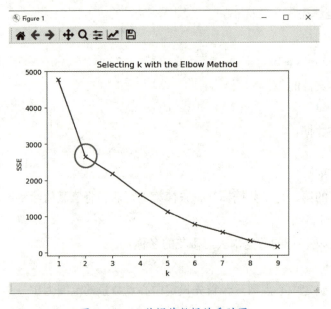

图 6-14　10 种樱花数据的手肘图

（2）利用 K-means 算法将樱花聚类成 2 类

设置类 Kmeans 的变量 n_clusters 等于 2，即聚类数目等于 2：

kmeans = KMeans(n_clusters=2)

训练集数据训练模型：

kmeans.fit(X)

kmeans.labels 代表聚类后每一组数据对应的类别标签：

nar = kmeans.labels_

输出每一种樱花名称及其对应的聚类结果：

```
for i in range(len(nar)):
    print(sub_df[i][0], "\t:type_%d" % nar[i])
```

运行程序，得到图 6-15 所示的 10 种樱花的聚类结果。可以清晰地看出，樱花被分为两类，一类被标记为 type_0，另一类标记为 type_1。只需要从这两大类中抽取一株或两珠进行试种，即可知道哪一类樱花具有耐寒性，是适合在北方的公园种植的。

```
非寒       :type_0
钟花粉     :type_0
红粉       :type_1
修善寺     :type_0
大寒       :type_0
河（津）   :type_0
红粉（粉） :type_0
大渔       :type_0
牡丹（樱） :type_1
钟花       :type_0
```

图 6-15　10 种樱花聚类结果

任务 2　数据降维

在上一个任务中，已经完成了 10 种樱花的聚类，但是十分遗憾的是，由于数据涉及 12 个属性，即 12 个维度，普通的二维图或者三维图是无法表达的，因此不能对数据有一个直观的感受。如果想在二维或者三维空间绘图，可以对数据进行特定的处理，即数据降维。

常用的数据降维方法有两种，一种是主成分分析法（Principal Component Analysis，PCA），另一种是线性判别分析法（Linear Discriminant Analysis，LDA），其中 PCA 是常用的降维方法。

两种降维方法各有特点，最明显的区别是主成分分析法，可以不参考类别信息，而将高维数据映射到自然数 n_compnents 上，其中 n_compnents 小于原来的维度。

下面程序利用 PCA 将樱花的 12 维数据映射到 2 维，并绘图表达。

从 sklearn.decomposition 库中导入 PCA 方法：

```
from sklearn.decomposition import PCA
```

创建并初始化一个主成分分析法，并赋值给 pca：

```
pca = PCA(n_components=2)
```

训练集数据训练模型：

pca.fit(X)

数据标准化：

X_new = pca.transform(X)

调用 scatter 函数绘制降维后的数据图，参数包含 x 和 y 轴的数据、markers 属性以及属性 c。属性 markers 代表数据点的形状，例如，marker 等于 o 代表数据点表示形式为圆点，marker 等于 v 代表数据点表示形式为倒三角形，marker 等于 s 代表数据点表示形式为正方形。属性 c 等于类别信息 nar，可以将降维后的数据和聚类结果结合显示：

plt.scatter(X_new[:,0], X_new[:,1], marker='o', c=nar)

显示绘图：

plt.show()

运行程序，得到结果如图 6-16 所示。

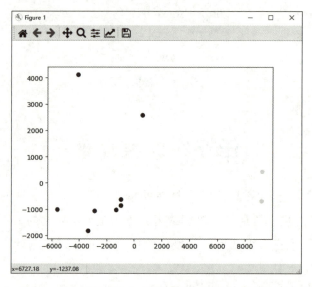

图 6-16　10 种樱花数据的 PCA 降维数据图（见彩页）

LDA 作为最常见的一种判别分析法，所追求的目标与 PCA 不同，它不是希望保持数据最多的信息，而是希望数据在降维后能够很容易地被区分开来。LDA 是一种监督学习的降维技术，也就是说，需要利用已有的分类信息进行降维。值得关注的是，由于 LDA 函数需要利用类别数进行降维，而根据矩阵运算规则，散度矩阵的秩最大为"Ts-1"，所以 LDA 降维的最大维度也只能为类别数减一。例如，在樱花耐寒性聚类这个例子中，将樱花聚集成两类，数据降维后会得到一个一维空间的图。

下面程序利用 LDA 将樱花的 12 维数据映射到 2 维，并绘图表达。

从 sklearn 库中导入 LinearDiscriminantAnalysis：

from sklearn.discriminant_analysis import LinearDiscriminantAnalysis

创建并初始化一个线性判别分析法，并赋值给 lda：

lda = LinearDiscriminantAnalysis()

训练集数据训练模型，由于 LDA 要利用已有的分类信息进行降维，还需要传入聚类后的类别结果：

lda.fit(X, nar)

数据标准化：

X_new = lda.transform(X)

由于 LDA 降维的最大维度也只能为聚类数 −1，即 LDA 降维后是一维数据，而绘制的图是二维的，所以这里随机生成一个 y 轴：

Y_new = np.random.rand(len(nar))

调用 scatter 函数绘制降维后的数据图，参数包括传入 x、y 轴的数据，属性 markers 和属性 c：

plt.scatter(X_new, Y_new, marker='o', c=nar)

显示绘图：

plt.show()

运行程序，得到结果如图 6-17 所示。

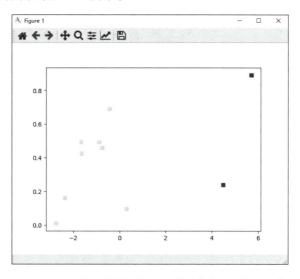

图 6-17　10 种樱花数据的 LDA 降维数据图（见彩页）

需要注意的一点是，图 6-17 中数据降维后的二维图中的点是随机变化的，因为 y 轴是随机生成的。但是不论如何变化，图中右侧的两个点与其他点是有直观上的距离感的。

至此就完成了利用 PCA 和 LDA 两种数据降维方法分别在二维空间中显示樱花数据。可以看出，将樱花聚类成 2 类是符合直观感受的。

数据降维有很多作用，可以应用在不同的场景中。将高维数据映射到 2 维空间中除了有助于数据的可视化以外，还可以减少存储空间；可以利用降维后的低维数据来减少模型训练的时间;在高维数据表现不佳时,可以利用数据降维提高算法的可用性;甚至还可以通过数据降维来删除冗余数据。

虽然使用数据降维有很多的好处,但是同时也要考虑到高维数据较低维数据拥有更多的信息,而这些信息往往都会对分析规律有所帮助,那么略去这些信息,就意味着略去了"细节",意味着降低了准确率。那么为什么还要进行降维操作呢?因为高维数据意味着更多的计算量。所以没有最好的方案,要做的就是在精确度和效率之间找到一个平衡点。

任务3 用 K-means 划分球队梯队

使用 K-means 进行数据处理,对球队进行分组,分三组,绘制 3D 图形。球队数据表见表 6-1。

数据说明:2019 年国际排名:2019 年国际足联的世界排名。

2018 年世界杯:2018 年世界杯中,很多球队没有进入到决赛圈,只有进入到决赛圈的球队有实际排名。如果是亚洲区预选赛 12 强的球队,则排名设置为 40;如果没有进入亚洲区预选赛 12 强,球队排名设置为 50。

2015 年亚洲杯:真实排名。

表 6-1 球队数据表

序 号	球 队	2019 年国际排名	2018 年世界杯	2015 年亚洲杯
0	中国	73	40	7
1	日本	60	15	5
2	韩国	61	19	2
3	伊朗	34	18	6
4	沙特	67	26	10
5	伊拉克	91	40	4
6	卡塔尔	101	40	13
7	阿联酋	81	40	6
8	乌兹别克斯坦	88	40	8
9	泰国	122	40	17
10	越南	102	50	17
11	阿曼	87	50	12
12	巴林	116	50	11
13	朝鲜	110	50	14
14	印尼	164	50	17
15	澳大利亚	40	30	1
16	叙利亚	76	40	17
17	约旦	118	50	9
18	科威特	160	50	15

程序代码：

```python
# 获取数据，使用 pandas 读取数据
import pandas as pd
# 写入文件所在的路径
data = pd.read_csv(r"D:/data.csv",encoding='gb2312')
# 初步打印出数据读取的结果
print(data.head())

# 提取需要进行分析的数据
train_x = data[['2019 年国际排名 ', '2018 年世界杯 ', '2015 年亚洲杯 ']]
df = pd.DataFrame(train_x)

# 数据处理，归一化数据
from sklearn import preprocessing
min_max_scaler=preprocessing.MinMaxScaler()
train_x=min_max_scaler.fit_transform(train_x)

# 模型训练：利用 sklearn 中的 K-Means 算法实现聚类，K=3
from sklearn.cluster import KMeans
kmeans = KMeans(n_clusters=3)
kmeans.fit(train_x)
predict_y = kmeans.predict(train_x)
result = pd.concat((data,pd.DataFrame(predict_y)),axis=1)
result.rename({0:u' 梯队编号 '},axis=1,inplace=True)
print(result.head(19))
print("--------------------------------------------------")
tx = result[[' 球队 ',' 梯队编号 ']]

# 模型评估后进行绘图
from mpl_toolkits.mplot3d import Axes3D
import matplotlib.pyplot as plt
import matplotlib
# 对字体进行处理
font = {'family': 'simhei',
        'weight': 'bold',
        'size': 10}
matplotlib.rc("font", **font)
# 构建 x，y，z 轴，分别对应每一组数据
xs = data.iloc[:,2]
ys = data.iloc[:,3]
zs = data.iloc[:,4]
fig = plt.figure()
ax=Axes3D(fig)
name = data.iloc[:,1]
for label,x,y,z in zip(name,xs,ys,zs):
```

```
    ax.scatter(x,y,z)
    ax.text(x, y, z, label)
cValue = ['r','y','g','b','r','y','g','b','r']
# 对每一条轴命名
ax.set_xlabel('2019 年国际排名 ')
ax.set_ylabel('2018 年世界杯 ')
ax.set_zlabel('2015 年亚洲杯 ')
plt.show()
```

运行结果如图 6-18 和图 6-19 所示。

	序号	球队	2019 年国际排名	2018 年世界杯	2015 年亚洲杯	梯队编号
0	1	中国	73	40	7	2
1	2	日本	60	15	5	1
2	3	韩国	61	19	2	1
3	4	伊朗	34	18	6	1
4	5	沙特	67	26	10	1
5	6	伊拉克	91	40	4	2
6	7	卡塔尔	101	40	13	0
7	8	阿联酋	81	40	6	2
8	9	乌兹别克斯坦	88	40	8	2
9	10	泰国	122	40	17	0
10	11	越南	102	50	17	0
11	12	阿曼	87	50	12	0
12	13	巴林	116	50	11	0
13	14	朝鲜	110	50	14	0
14	15	印尼	164	50	17	0
15	16	澳大利亚	40	30	1	1
16	17	叙利亚	76	40	17	0
17	18	约旦	118	50	9	0
18	19	科威特	160	50	15	0

图 6-18　运行结果

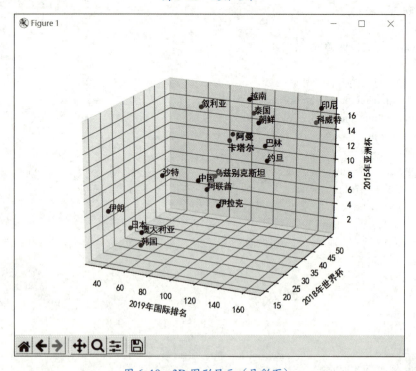

图 6-19　3D 图形显示（见彩页）

项\目\小\结

1）无监督学习算法的特点：预先不知道需要"寻找和求解"的内容，无监督学习的数据集不含标记。

2）K-means 算法的原理，以及实现的两个步骤：确定聚类的数量、根据类别数进行聚类。

3）应用 K-means 算法进行聚类。

4）可以用数据降维方法将数据多维特征的数据映射到二维或三维空间，以达到观察的目的等。

拓\展\练\习

1．编程题：利用公开数据集鸢尾花数据集，采用 K-means 算法，对鸢尾花的品种进行聚类，并统计模型的准确率、召回率。

鸢尾花数据集中鸢尾花有 3 个品种：setosa、versicolor、virginnica。

鸢尾花的数据构成：花瓣的长度和宽度、花萼的长度和宽度，所有测量结果都以 cm 为单位。

2．简述数据降维的作用。

Project 7

项目7
人工神经网络应用

项目导入

人工神经网络（Artificial Neural Network，ANN）是当今人工智能领域的一个热点话题，对神经网络的定义也有许多版本，其中对人工智能应用影响最大，在"人工神经网络"领域中使用最广泛的是Kohonen在1988年提出的："神经网络是具有适应性的简单单元组成的广泛并行互联的网络，它的组织能够模拟生物神经系统对真实世界物体做出的交互反应。"在人工智能领域，希望能够构建人工神经网络，利用其对现实世界的反应达到机器学习的目的。人工神经网络示意如图7-1所示。

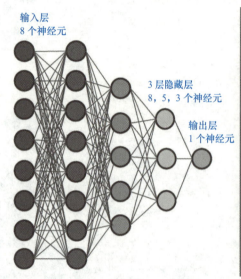

图7-1 人工神经网络

学习目标

1. 掌握神经网络的基本知识
2. 能够用神经网络辨认鱼的种类
3. 掌握梯度下降算法的作用
4. 实现利用神经网络辨认手写数字

素质目标

培养学生的责任感，爱岗敬业勇担重任：勤奋刻苦，深耕专业，在学习和工作中全心投入，爱岗敬业，勇担重任，攻坚克难，成就事业，志存高远。担当起人工智能国家发展战略的时代使命，把自己培养造就成堪当民族复兴重任的时代新人。

项目 7 人工神经网络应用

思维导图

本项目思维导图如图7-2所示。

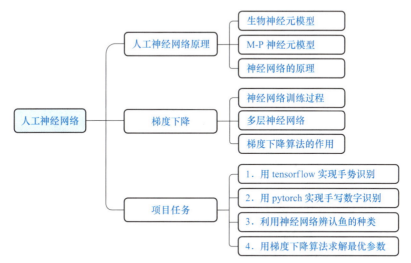

图 7-2 项目思维导图

知识准备

1. 神经元之间的信息传递

在生物神经网络中，每个神经元与其他神经元通过突触连接。神经元之间的"信息"传递属于化学物质传递，当它"兴奋（Fire）"时，就会向与它相连的神经元发送化学物质（神经递质，Neurotransmiter），从而改变这些神经元的电位；如果某些神经元的电位超过了一个"阈值（Threshold）"，那么，它就会被"激活（Activation）"，也就是"兴奋"起来，接着向其他神经元发送化学物质，犹如涟漪，就这样一层接着一层传播，如图7-3所示。

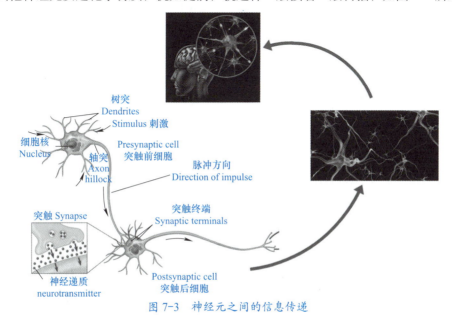

图 7-3 神经元之间的信息传递

现代的"人工神经网络"是受生物神经的启发才逐步发展而来，生物神经网络中最基本的组织是神经元，以脊椎动物神经细胞为例，其组织的一般形态如图 7-4 所示。

组织虽然复杂，但是功能却比较简单，当"突触"接收的信号（能够引发电位变化的化学物质）传导到细胞体中并积累到一定程度，它就被"激发"，激发的结果是这个神经元会向其他神经元发送化学物质。

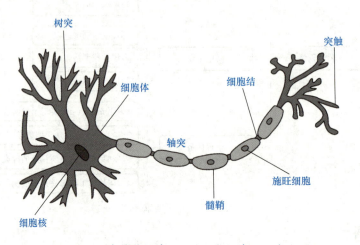

图 7-4 脊椎动物神经细胞——生物神经元模型

2．神经网络原理

1943 年 McCulloch 和 Pitts 共同发表论文"A logical calculus of the ideas immanent in nervous activity"，将上述过程描述成简单的模型，就是沿用至今的 MP 神经元模型，如图 7-5 所示。这是开创性的人工神经元模型，将复杂的生物神经元活动通过简单的数学模型表示出来，提出最早且影响最大。

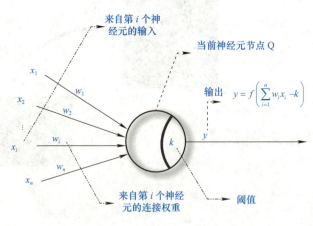

图 7-5 MP 神经元模型

图中节点 Q 的值为 y，为 Q 设定一个阈值 k，而 $x_1, x_2, \cdots, x_n$ 皆为 Q 的输入，当输入累积到超过 k 时，y 的值将发生一个明显的变化。这个过程可以用一个函数式表达：

$$y = f\left(\sum_{i=1}^{n} w_i x_i - k\right) \tag{7-1}$$

式中 $\sum_{i=1}^{n} w_i x_i$ 表达输入量的积累,那么当积累超过 k 时,什么样的函数能让人工神经元有一个"激发"的响应呢,这个功能可以由图 7-6 中虚线所示的"阶跃函数"完成。观察阶跃函数,它的特点是只有两个状态,而状态的变化只有在 $x=0$ 时才发生。通俗地讲,神经元的功能就是对所有输入信号求和,到达一定量之前隐忍不发,超过限度后激发一下。

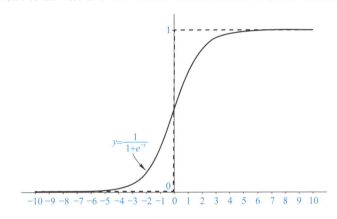

图 7-6 阶跃函数与 Sigmod 函数

阶跃函数虽然可以完成"激发"的功能,但是由于它是分段函数,不连续、不利于计算,所以在实际使用中用 Sigmod 函数替换它。

最复杂的神经网络要从最简单的单个神经元开始,而只包括输入和输出的两层神经就是最简单的神经网络了。这种简单的两层网络被称为"感知机",观察只包含 3 个神经单元的双层网络,如图 7-7 所示。

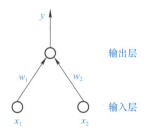

图 7-7 两个输入单元和一个输出单元的双层网络

图 7-7 中所示的网络由两个输入单元和一个输出单元组成,只将 x_1、x_2 作为输入节点,则无需考虑它们的表达式,所以在整个网络中只考虑 y 节点,为了简化分析,使用 sgn(阶跃)函数,那么 y 节点的表达式可以写作:

$$y = \text{sgn}(w_1 x_1 + w_2 x_2 - k) \tag{7-2}$$

这时可以设置 w_1、w_2 为 1,k 的值为 2,于是公式 7-2 变为:

$$y=\text{sgn}(x_1+x_2-2) \tag{7-3}$$

这时得到了一个可以做最简单判断的网络,例如,用 1 和 0 代表是与否,那么 y 端的输出见表 7-1。

表 7-1 sgn 函数的输出

x_1	x_2	x_1+x_2-2	sgn(y 端的输出)
1	1	0	1
0	1	−1	0
1	0	−1	0
0	0	−2	0

通过实际运算可以发现,最简单的感知机网络可以完成判断"是与否"的逻辑计算。如果扩充网络中的节点数目,增加网络堆叠的层数,那么就可以进行更复杂的工作。通过试验发现,网络的层级越多,越有利于做出复杂的反应。例如,用于图像识别的神经网络的层数早已超过百层,这种网络也称为深层网络,利用这种网络的"学习"过程称为"深度学习"。当前网络的深度还在不断加深,而由此带来的计算量也急剧增长。

简单节点的组合能完成"人工智能"的任务吗?尝试建立一个实际的网络来完成实际应用。

工程准备

1. 应用方法:神经网络

人工神经网络是指由大量的处理单元(神经元)互相连接而形成的复杂网络结构,是对人脑组织结构和运行机制的某种抽象、简化和模拟。人工神经网络以数学模型模拟神经元活动,是基于模仿大脑神经网络结构和功能而建立的一种信息处理系统。

人工神经网络有多层和单层之分,每一层包含若干神经元,各神经元之间用带可变权重的有向弧连接,网络通过对已知信息的反复学习训练,逐步调整神经元连接权重,达到处理信息、模拟输入输出之间关系的目的。它不需要知道输入输出之间的确切关系,不需要大量参数,只需要知道引起输出变化的非恒定因素,即非常量性参数。因此与传统的数据处理方法相比,神经网络技术在处理模糊数据、随机性数据、非线性数据方面具有明显优势,对规模大、结构复杂、信息不明确的系统尤为适用。

神经网络是一种运算模型,由大量的节点(神经元)相互连接构成。每个节点代表一种特定的输出函数,称为激励函数。每两个节点间的连接都代表一个通过该连接信号的加权值,称为权重,这相当于人工神经网络的记忆。网络的输出则依照网络的连接方式、权重值和激励函数的不同而不同。而网络自身通常都是对自然界某种算法或者函数的逼近,也可能是对一种逻辑策略的表达。

由 Minsley 和 Papert 提出的多层前向神经元网络(也称多层感知器)是目前最为常用的

项目 7　人工神经网络应用

网络结构。

人工神经网络的特点：

1）具有自学习功能。例如，实现图像识别时，只要先把许多不同的图像样板和对应的识别的结果输入人工神经网络，网络就会通过自学习功能，慢慢学会识别类似的图像。自学习功能对于预测有特别重要的意义。未来的人工神经网络计算机将为人类提供经济预测、市场预测、效益预测等，其应用前途是很远大的。

2）有联想存储功能。利用人工神经网络的反馈网络就可以实现这种联想。

3）具有高速寻找优化解的能力。寻找一个复杂问题的优化解往往需要很大的计算量，利用一个针对某问题而设计的反馈型人工神经网络，发挥计算机的高速运算能力，可以很快找到优化解。

人工神经网络的研究工作不断深入，已经取得了很大进展，其在模式识别、智能机器人、自动控制、预测估计、生物、医学、经济等领域已成功地解决了许多现代计算机难以解决的实际问题，表现出了良好的智能特性。

人工神经网络的发展历史

　　1943 年，心理学家 Warren S.McCulloch 和数理逻辑学家 Walter Pitts 建立了神经网络和数学模型，称为 MP 模型。他们通过 MP 模型提出了神经元的形式化数学描述和网络结构方法，证明了单个神经元能执行逻辑功能，从而开创了人工神经网络研究的时代。1949 年，心理学家提出了突触联系强度可变的设想。20 世纪 60 年代，人工神经网络得到了进一步发展，更完善的神经网络模型被提出，其中包括感知器和自适应线性元件等。M.Minsky 等仔细分析了以感知器为代表的神经网络系统的功能及局限后，于 1969 年出版了"Perceptron"一书，指出感知器不能解决高阶谓词问题。他们的论点极大地影响了神经网络的研究，加之当时串行计算机和人工智能所取得的成就，掩盖了发展新型计算机和人工智能新途径的必要性和迫切性，使人工神经网络的研究处于低潮。在此期间，一些人工神经网络的研究者仍然致力于这一研究，提出了自适应谐振理论 ART 网、自组织映射、认知机网络，同时进行了神经网络数学理论的研究。以上研究为神经网络的研究和发展奠定了基础。1982 年，美国加州工学院物理学家 J.J.Hopfield 提出了 Hopfield 神经网格模型，引入了"计算能量"概念，给出了网络稳定性判断。1984 年，他又提出了连续时间 Hopfield 神经网络模型，为神经计算机的研究做了开拓性的工作，开创了神经网络用于联想记忆和优化计算的新途径，有力地推动了神经网络的研究。1985 年，又有学者提出了波耳兹曼模型，在学习中采用统计热力学模拟退火技术，保证整个系统趋于全局稳定点。1986 年进行认知微观结构的研究提出了并行分布处理的理论。1986 年，Rumelhart、Hinton、Williams 发展了 BP 算法。

> Rumelhart 和 McClelland 出版了"Parallel distribution processing: explorations in the microstructures of cognition"。迄今，BP 算法已被用于解决大量实际问题。1988 年，Linsker 对感知机网络提出了新的自组织理论，并在 Shanon 信息论的基础上形成了最大互信息理论，从而点燃了基于 NN 的信息应用理论的光芒。1988 年，Broomhead 和 Lowe 用径向基函数 (Radial basis function，RBF) 提出分层网络的设计方法，从而将 NN 的设计与数值分析和线性适应滤波相挂钩。20 世纪 90 年代初，Vapnik 等提出了支持向量机 (Support vector machines，SVM) 和 VC(Vapnik–Chervonenkis) 维数的概念。

2．使用工具：Keras、Tensorflow

（1）Keras

Keras 是一个由 Python 编写的开源人工神经网络库，可以作为 Tensorflow、Microsoft-CNTK 和 Theano 的高阶应用程序接口，进行深度学习模型的设计、调试、评估、应用和可视化。

Keras 在代码结构上由面向对象方法编写，完全模块化并具有可扩展性，其运行机制和说明文档将用户体验和使用难度纳入考虑，并试图简化复杂算法的实现难度。Keras 支持现代人工智能领域的主流算法，包括前馈结构和递归结构的神经网络，也可以通过封装参与构建统计学习模型。在硬件和开发环境方面，Keras 支持多操作系统下的多 GPU 并行计算，可以根据后台设置转化为 Tensorflow、Microsoft-CNTK 等系统下的组件。

（2）Tensorflow

TensorFlow 是一个基于数据流编程 (Dataflow Programming) 的符号数学系统，被广泛应用于各类机器学习 (Machine Learning) 算法的编程实现，其前身是神经网络算法库 DistBelief。

Tensorflow 拥有多层级结构，可部署于各类服务器、PC 终端和网页，并支持 GPU 和 TPU 高性能数值计算，被广泛应用于各领域的科学研究。

TensorFlow 拥有包括 TensorFlow Hub、TensorFlow Lite、TensorFlow Research Cloud 在内的多个项目以及各类应用程序接口 (Application Programming Interface，API)。自 2015 年 11 月 9 日起，TensorFlow 依据阿帕奇授权协议 (Apache 2.0 open source license) 开放源代码。

（3）软硬件环境配置

CPU：i5，16GB 内存

GPU：MX250 双操作系统 Ubuntu 20.04

Python：3.6

Tensorflow：1.15

Pytorch：1.2

CUDA：10.0

Cudnn：10.0

1) Ubuntu 操作系统安装。

本项目选择 Ubuntu 20.04 作为操作系统，所有操作及代码都在此系统下验证通过。Ubuntu 20.04 有桌面版和服务器版，这里使用桌面版。

① 获取安装包。

首先要获取安装包，出于网速考虑，最好从国内源下载。用浏览器打开以下链接：https://launchpad.net/ubuntu/+cdmirrors，如图 7-8 所示。

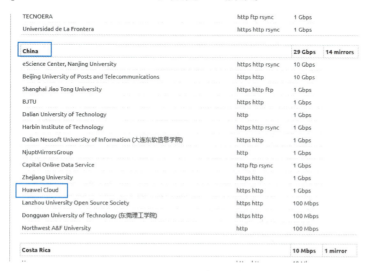

图 7-8　获取安装包

此网页列出了所有的镜像源地址，找到国内的源，选择一个比较快的源并单击链接，这里选择华为云的源，如图 7-9 所示。

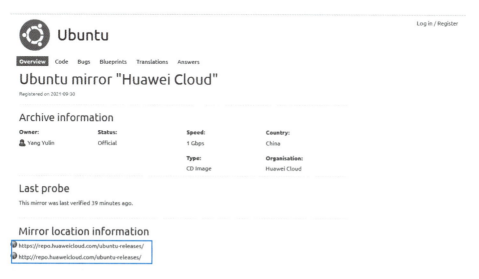

图 7-9　华为云镜像源

有两个链接，任选一个单击即可，进入页面后选择需要的版本，这里选择 ubuntu-20.04.5-desktop-amd64.iso，如图 7-10 所示，单击后开始下载，下载完成进入下一步。

图 7-10　Ubuntu ISO 文件下载

② 制作安装盘。

制作安装盘采用官网推荐方式——在 Windows 平台上制作一个可引导的 U 盘，需要准备：

- 4GB 或大于 4GB 容量的 U 盘。
- Windows 操作系统。
- RuFus，免费开源的 USB 烧写工具。
- Ubuntu ISO 文件（图 7-10 中下载的文件）。

运行 RuFus，选择 U 盘和镜像文件，单击"开始"按钮，烧写过程开始，如图 7-11 所示。

图 7-11　制作安装盘

在这个过程中，Rufus 可能需要额外的文件来完成 ISO 的写入。如果出现此对话框，选择"是"继续，如图 7-12 所示。

当 Rufus 写完 USB 设备后，状态栏会被绿色填充，出现"准备就绪"提示。单击"关闭"按钮完成写入过程，如图 7-13 所示，之后就可以开始 Ubuntu 的安装。

图 7-12　安装过程文件选择

图 7-13　完成写入过程

③ 安装 Ubuntu 20.04。

把制作好的 USB 启动盘插入计算机并启动，进入 BIOS 设置。找到启动盘设置项，把 USB 设置为第一启动盘，重启计算机。可以看到 Ubuntu 的引导界面，然后会出现安装向导界面，如图 7-14 所示。

默认的语言是英语，下拉左侧的语言选择框，找到简体中文并选择，会出现中文界面，如图 7-15 所示。

单击画面右侧的"安装 Ubuntu"，出现选择键盘布局界面，如图 7-16 所示。

选择好键盘布局然后单击"继续"按钮，进入"更新和其他软件"界面，如图 7-17 所示。

在这个界面中选择需要安装的附加软件组件，为了快速完成安装，可以选择最小安装。在"其他选项"中勾选"安装 Ubuntu 时下载更新"，但不要勾选"为图形或无线硬件，以及其他媒体格式安装第三方软件"，后续会手工为显卡安装驱动。单击"继续"按钮进入"安装类型"界面，如图 7-18 所示。

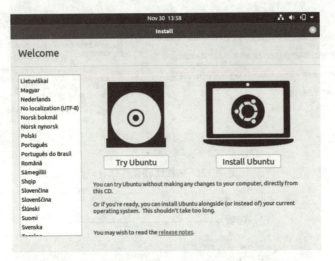

图 7-14　安装向导界面

图 7-15　中文界面

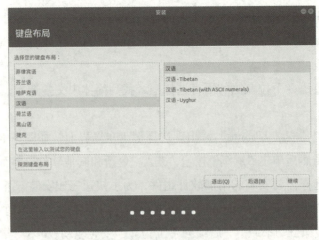

图 7-16　键盘布局界面

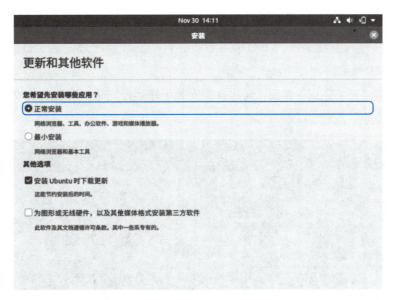

图 7-17 更新和其他软件

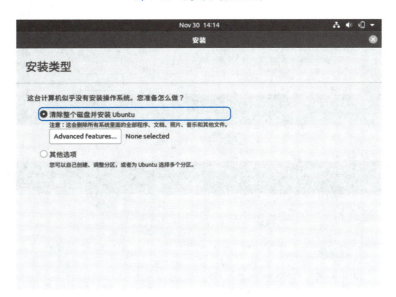

图 7-18 "安装类型"界面

由于是全新安装,在这个界面里简单选择"清除整个磁盘并安装 Ubuntu"即可;如果对 Ubuntu 比较熟悉,也可以选择"其他选项"来自己调整设置分区。单击"继续"按钮会出现提示框如图 7-19 所示。

这是安装向导自动设置的分区,单击"继续"按钮,接受安装向导自动的设置,进入时区设置界面。在地图上选择自己所处的位置即可,单击"继续"按钮进入登录方式和密码设置界面,如图 7-20 所示。

选择"登录时需要密码",并输入相关的信息。注意密码要有合理的强度,至少 8 位,包括大小写字母、数字和符号。

至此，相关安装的设置阶段就完成了，单击"继续"按钮进入自动安装阶段。这个阶段包括：复制文件、下载文件、下载语言包等。自动安装程序会在这个过程中向用户给出提示，如图 7-21 所示。

最后会出现"安装完成"界面，到此自动安装程序运行完毕，系统安装成功。拔出 U 盘，并单击"现在重启"按钮。

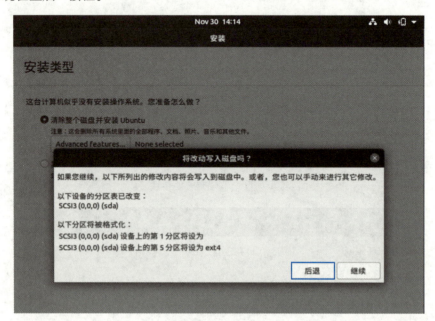

图 7-19　提示框

图 7-20　登录方式和密码设置界面

项目 7
人工神经网络应用

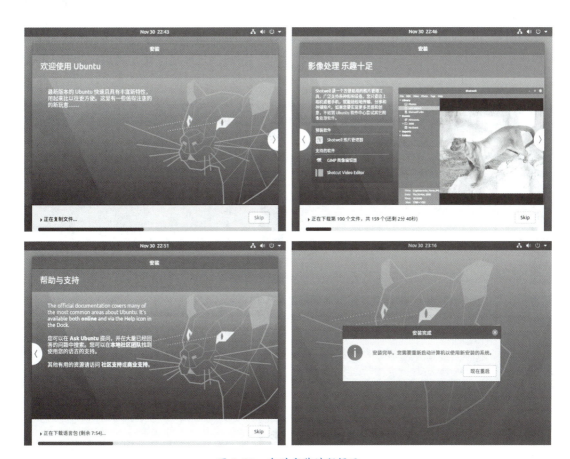

图 7-21　自动安装过程提示

④ 初次运行设置。

等待一段时间系统重启后会出现 Ubuntu 登录界面，如图 7-22 所示。

图 7-22　Ubuntu 登录界面

文本框中是刚才在安装过程中设置的用户名，单击这个文本框，会出现密码输入框，输入刚才设置的密码后按〈Enter〉键，进入 Ubuntu 桌面。

如同第一次打开新买的手机一样,第一次启动 Ubuntu 也有一个系统设置过程,主要是收集一些用户设置,如图 7-23 所示,单击"前进"按钮跳过即可,跳过之后,出现 Ubuntu 桌面,如图 7-24 所示。

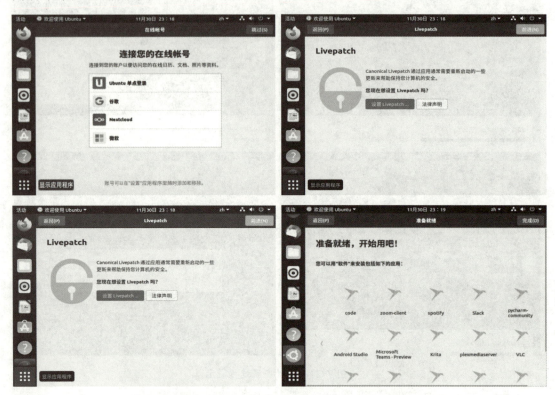

图 7-23　系统设置过程

图 7-24　Ubuntu 桌面

⑤ 升级到最新。

此处安装的镜像版本是 20.04.5,系统中有些组件需要升级到最新。单击图 7-24 中左下角的"显示应用程序"图标,在众多已安装的应用中找到"终端"图标并双击,打开一个终端窗口。

在终端窗口中运行"apt update"命令,更新可用的软件包列表。这个命令需要以根系统权限运行,所以需要在前面加上 sudo,"sudo apt update"。运行结果如图 7-25 所示。

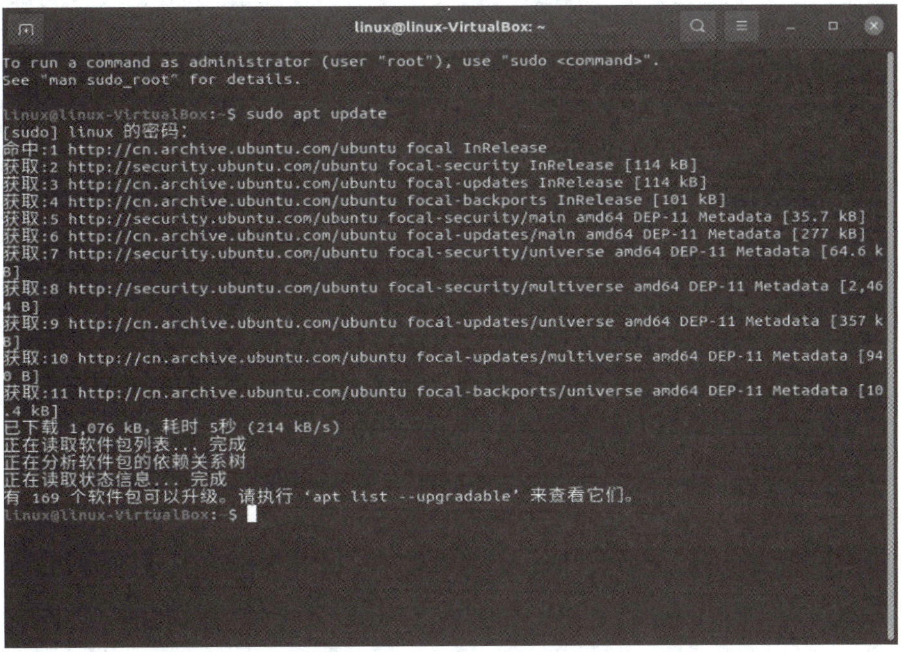

图 7-25 运行结果

图 7-25 提示,有 169 个软件包需要升级,升级的详细信息可以用"apt list --upgrade"命令查看,如图 7-26 所示。

图 7-26 升级的详细信息

该界面列出了详细的版本升级情况。接下来运行命令"sudo apt upgrade"进行升级,如图 7-27 所示。

命令运行后列出了待升级的软件包以及需要的磁盘空间,输入"Y"开始进行升级。升级完成后再次运行命令"sudo apt update",会看到系统中所有软件包均为最新,如图 7-28 所示,至此 Ubuntu 20.04 安装完毕。

数据分析与机器学习算法

图 7-27 升级界面

图 7-28 系统软件包更新情况

2）NVIDIA 显卡驱动安装。

在 Ubuntu 桌面左下角找到"显示应用程序"图标，单击进入应用程序列表，找到"附加驱动"，如图 7-29 所示。

双击打开此应用，系统会根据安装的显卡型号显示出适合的驱动，如图 7-30 所示。

选择一个即可，选好后重启系统，计算机重新启动后，新的 NVIDIA 显卡驱动程序将被激活。可以测试一下驱动是否安装成功，输入"nvidia-smi"出现图 7-31 所示的情况，即表示 NVIDIA 显卡安装成功。

图 7-29 附加驱动

图 7-30 显卡驱动

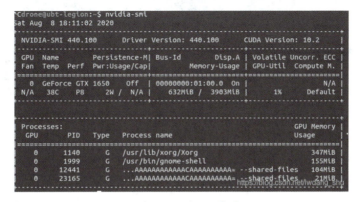

图 7-31 NVIDIA 显卡情况

3）其他工具安装。

利用 GPU 进行图像识别训练还需要其他工具的支持，包括 Python 运行环境、CUDA

（GPU 运算）、Tensorflow 包和 pytorch 包。

① 安装 Anaconda。

安装 Anaconda，需要到官网获取安装包；打开浏览器，输入网址 https://repo.anaconda.com/archive/Anaconda3-2021.11-Linux-x86_64.sh，下载文件，文件名为 Anaconda3-2021.05-Linux-x86_64.sh，如图 7-32 所示。

图 7-32 Anaconda 下载

下载完成后需要修改文件的权限，增加可执行权限。打开终端窗口，切换到文件下载目录，输入命令：chmod a+x Anaconda3-2021.05-Linux-x86_64.sh，然后执行这个程序，如图 7-33 所示。

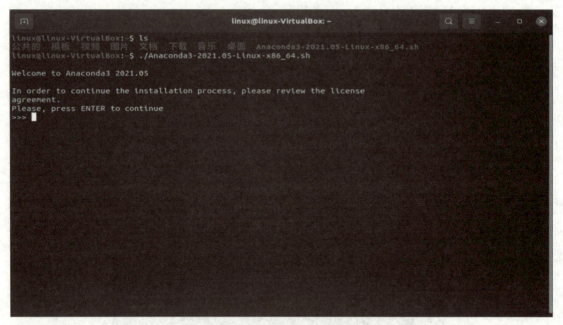

图 7-33 修改文件权限

按照提示按〈Enter〉键，会显示 licence 许可，如图 7-34 所示。

仔细阅读许可后，输入"yes"，安装程序会询问安装路径，可以按〈Enter〉键接受默认设置，如图 7-35 所示。

安装过程开始，会安装 Python 解释器、一些基础包，并创建一个名为"base"的基础虚拟环境，在安装结束前，会询问用户是否运行初始化脚本，这个脚本的作用就是修改环境变量，以便用户在登录系统后，自动进入"base"虚拟环境，如图 7-36 所示。

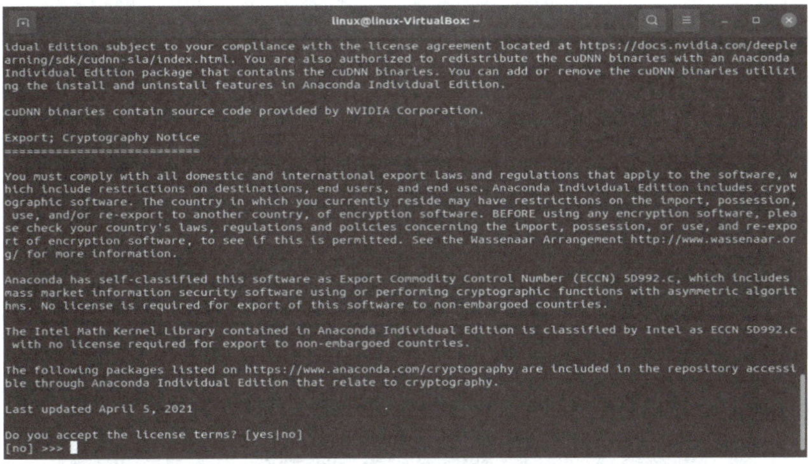

项目 7
人工神经网络应用

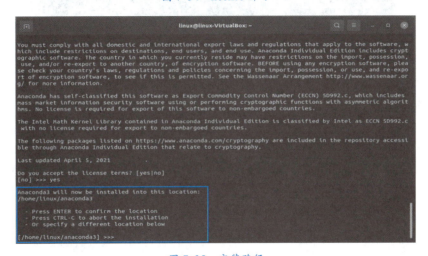

图 7-34　licence 许可

图 7-35　安装路径

图 7-36　安装过程

选择"yes"后，安装过程完毕，退出安装程序。用户注销系统，再次登录，打开终端，可以看到 base 虚拟环境，如图 7-37 所示。注意命令提示符最前面的 base，至此 Anaconda 安装完毕。

图 7-37　base 虚拟环境

② 安装 CUDA。

2006 年，NVIDIA 公司发布了 CUDA（Compute Unified Device Architecture），是一种新的使用 GPU 计算的硬件和软件架构，是建立在 NVIDIA 的 GPU 上的一个通用并行计算平台和编程模型，它提供了 GPU 编程的简易接口，基于 CUDA 编程可以构建基于 GPU 计算的应用程序，利用 GPU 的并行计算引擎来更加高效地解决比较复杂的计算难题。它将 GPU 视作一个数据并行计算设备，而且无需把这些计算映射到图形 API。操作系统的多任务机制可以同时管理 CUDA 访问 GPU 和图形程序的运行库，其计算特性支持利用 CUDA 直观地编写 GPU 核心程序。

CUDA 提供了对其他编程语言的支持，如 C/C++、Python、Fortran 等语言。只有安装 CUDA 才能进行复杂的并行计算，主流的深度学习框架也几乎都是基于 CUDA 进行 GPU 并行加速的。

CUDA 软件组成包括：一个 CUDA 库、一个应用程序编程接口（API）及其运行库（Runtime）、两个较高级别的通用数学库，即 CUFFT 和 CUBLAS。CUDA 改进了 DRAM 的读写灵活性，使得 GPU 与 CPU 的机制相吻合。另一方面，CUDA 提供了片上（on-chip）共享内存，使得线程之间可以共享数据。应用程序可以利用共享内存来减少 DRAM 的数据传送，更少地依赖 DRAM 的内存带宽。

安装 CUDA 前，首先要明确系统显卡所支持的 CUDA 版本。输入 nvidia-smi 命令可以查看支持的 CUDA 版本，如图 7-38 所示，这里系统显卡支持的版本是 10.2。

版本确认后，需要下载安装文件。从 https://developer.nvidia.com/cuda-downloads 下载对应版本的 CUDA，操作系统版本选择 18.04 的版本即可。

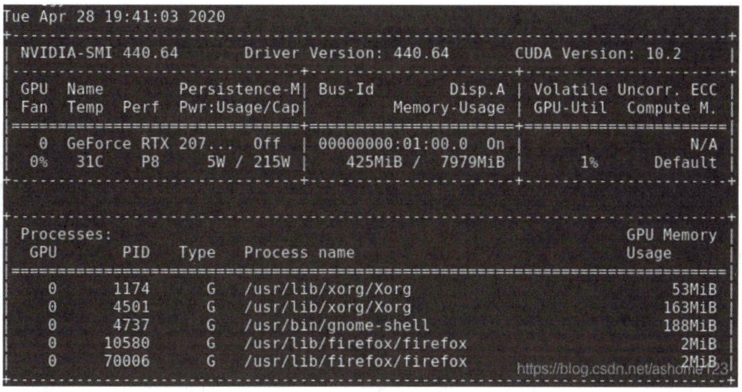

```
Tue Apr 28 19:41:03 2020
+-----------------------------------------------------------------------------+
| NVIDIA-SMI 440.64       Driver Version: 440.64       CUDA Version: 10.2     |
|-------------------------------+----------------------+----------------------+
| GPU  Name        Persistence-M| Bus-Id        Disp.A | Volatile Uncorr. ECC |
| Fan  Temp  Perf  Pwr:Usage/Cap|         Memory-Usage | GPU-Util  Compute M. |
|===============================+======================+======================|
|   0  GeForce RTX 207...  Off  | 00000000:01:00.0  On |                  N/A |
| 0%   31C    P8     5W / 215W |    425MiB /  7979MiB |      1%      Default |
+-------------------------------+----------------------+----------------------+

+-----------------------------------------------------------------------------+
| Processes:                                                       GPU Memory |
|  GPU       PID   Type   Process name                             Usage      |
|=============================================================================|
|    0      1174      G   /usr/lib/xorg/Xorg                            53MiB |
|    0      4501      G   /usr/lib/xorg/Xorg                           163MiB |
|    0      4737      G   /usr/bin/gnome-shell                         188MiB |
|    0     10580      G   /usr/lib/firefox/firefox                       2MiB |
|    0     70006      G   /usr/lib/firefox/firefox                       2MiB |
+-----------------------------------------------------------------------------+
```

https://blog.csdn.net/ashome123

图 7-38　查看显卡支持的 CUDA 版本

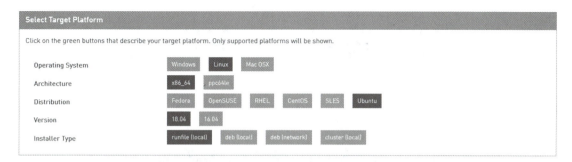

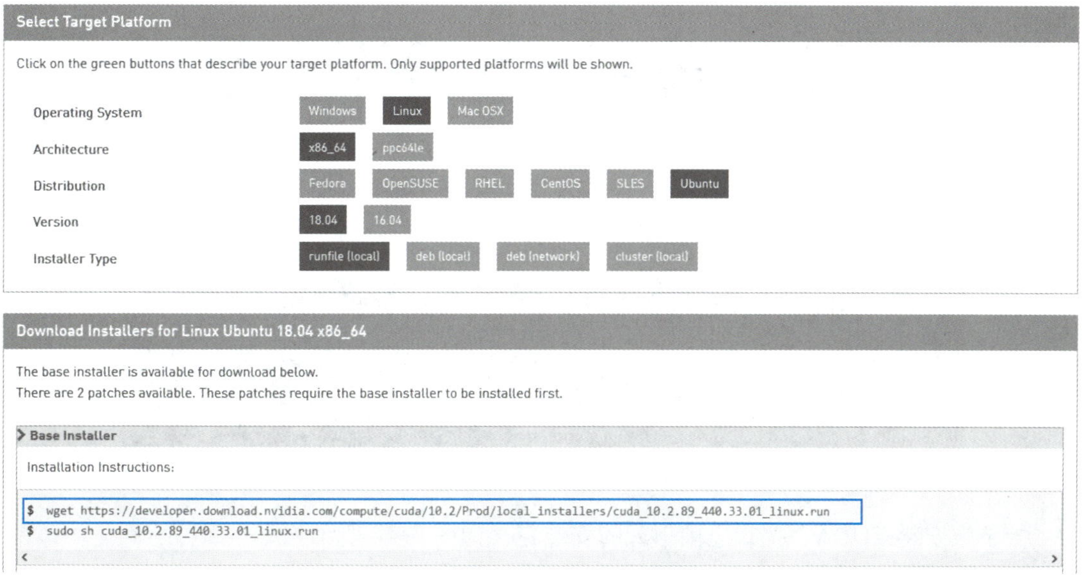

图 7-39　下载对应版本的 CUDA

选择完成后，屏幕下方出现图 7-39 所示的方框中的下载命令，打开终端窗口，输入命令，开始下载文件。下载完成后，本地目录会出现一个名为“cuda_10.2.89_440.33.01_linux.run”的文件。使用命令“chmod a+x cuda_10.2.89_440.33.01_linux.run”为文件添加执行权限。

此时已经准备好 CUDA 的安装包，但是目前还不能运行它，因为 Ubuntu 20.04 自带的 gcc 编译器版本是 9.7.0，但是 CUDA 需要 gcc7 来编译，所以在进行 CUDA 安装前，需要把系统中的 gcc 降级。

首先要在系统中安装 gcc7，如图 7-40 所示，安装了 C 和 C++ 编译器。

```
(base) wangweili@wangweili-VirtualBox:~$ sudo apt install gcc-7 g++-7
正在读取软件包列表... 完成
正在分析软件包的依赖关系树
正在读取状态信息... 完成
g++-7 已经是最新版 (7.5.0-6ubuntu2)。
gcc-7 已经是最新版 (7.5.0-6ubuntu2)。
升级了 0 个软件包，新安装了 0 个软件包，要卸载 0 个软件包，有 82 个软件包未被升
级。
```

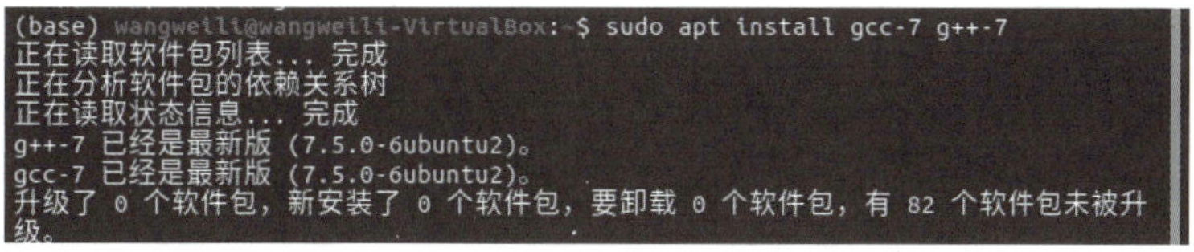

图 7-40　安装 gcc7

数据分析与机器学习算法

安装成功后,查看 gcc 版本,可以看到目前系统中存在 7 和 9 两个版本,如图 7-41 所示。

图 7-41　gcc 版本

接下来要把 gcc7 变为默认编译器,使用 update-alternatives 进行版本切换,输入以下命令,如图 7-42 所示。

图 7-42　输入命令

此时输入 sudo update-alternatives --config gcc 命令查看 gcc 的默认版本,可以看到当前默认 gcc 版本为 7,即切换成功,如图 7-43 所示,下面就可以安装 CUDA 了。

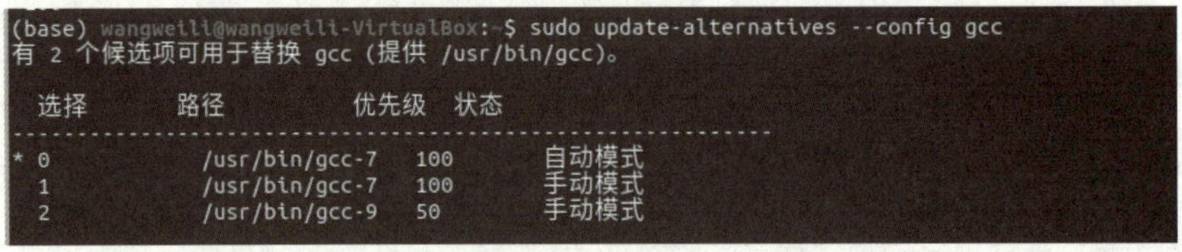

图 7-43　gcc 版本切换成功

接下来安装 CUDA,执行之前下载的安装包,如图 7-44 所示。

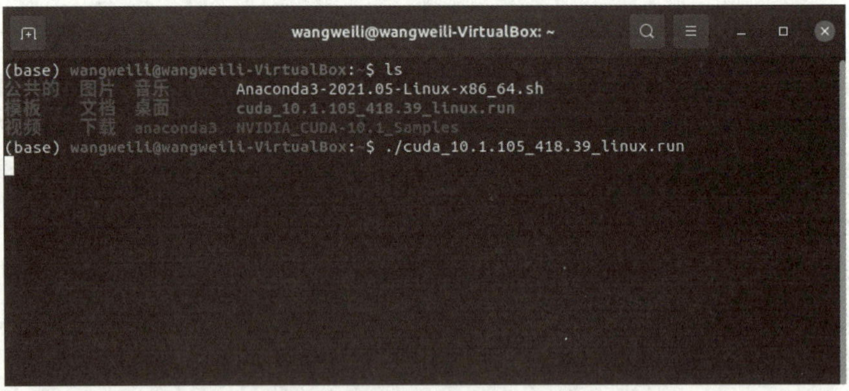

图 7-44　执行安装包

等待一段时间后,出现界面如图 7-45 所示。

这个界面显示了最终用户许可,选择输入 accept 即可。输入完后,出现界面如图 7-46 所示。

项目 7
人工神经网络应用

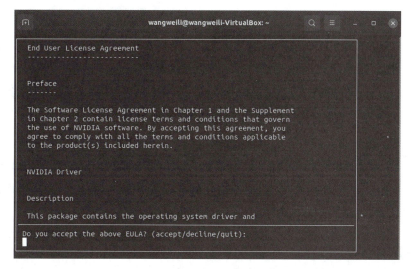

图 7-45　最终用户许可

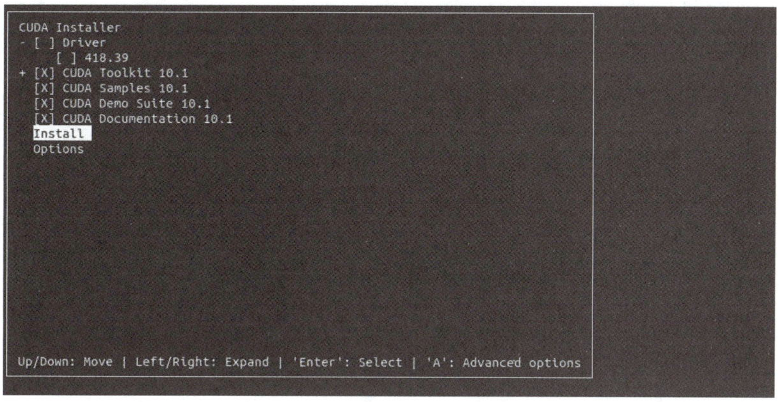

图 7-46　安装选项

这个界面显示了安装选项,因为之前安装了显卡的驱动程序,所以不需要在此安装,因此不勾选"Driver"选项,保留其他选项,单击"Install"按钮。

安装程序开始安装,经过一段时间,安装完毕。CUDA 会安装在"/usr/local/cuda"目录中,这里需要设置环境变量,以便后续可以直接执行 CUDA 命令,设置如下:

输入 vim ~/.profile 命令打开文件,在文件结尾输入以下语句,保存。

export PATH=/usr/local/cuda/bin${PATH:+:${PATH}}
Export LD_LIBRARY_PATH=/usr/local/cuda/lib64${LD_LIBRARY_PATH:+:${LD_LIBRARY_PATH}}

执行命令 source ~/.profile,使上面的环境变量立即生效。

至此 CUDA 安装完成,可以输入 nvcc -V 命令查看 CUDA 信息,如图 7-47 所示。

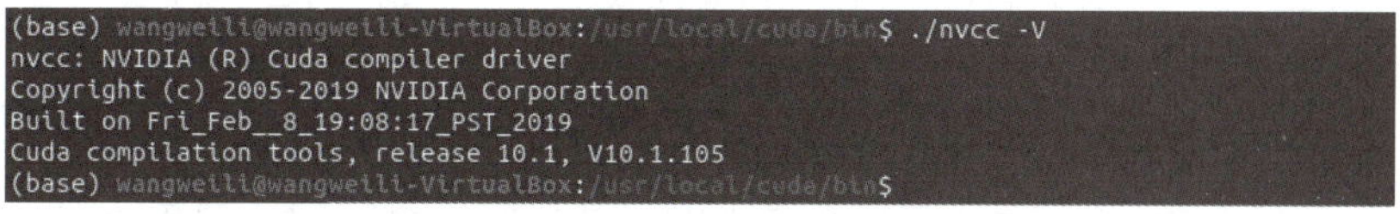

图 7-47　CUDA 安装完成

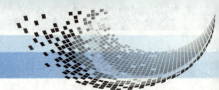

③ 安装 cuDNN。

NVIDIA cuDNN 是用于深度神经网络的 GPU 加速库。它强调性能、易用性和低内存开销。NVIDIA cuDNN 可以集成到更高级别的机器学习框架中，例如加州大学伯克利分校流行的 caffe 软件。简单的插入式设计可以让开发人员专注于设计和实现神经网络模型，而不是调整性能，同时还可以在 GPU 上实现高性能现代并行计算。

安装 cuDNN 前，首先要查看 CUDA 的版本，例如前面描述的使用 "nvidia-smi" 命令。然后从 https://developer.nvidia.com/cudnn 下载相应版本的 cuDNN。注意下载 cuDNN 需要注册 nvidia 开发者，登录后才可以下载。选择和安装与 CUDA 相匹配的 cuDNN 版本，如图 7-48 所示。

图 7-48　安装与 CUDA 相匹配的 cuDNN 版本

下载解压之后，将 cuda/include/cudnn.h 文件复制到 usr/local/cuda/include 文件夹，将 cuda/lib64/ 下所有文件复制到 /usr/local/cuda/lib64 文件夹中，并添加读取权限。

sudo chmod a+r /usr/local/cuda/include/cudnn.h /usr/local/cuda/lib64/libcudnn*

至此 cuDNN 安装完成。

④ 安装 Tensorflow。

先建立虚拟环境，执行如下命令，如图 7-49 所示。

conda create -n tensorflow

选择 "y"，conda 就会创建一个干净的虚拟环境，干净是指除了系统包外，没有任何附加的软件包。

输入命令 "conda activate tensorflow"，可以切换到新建的名为 tensorflow 的虚拟环境中。此时输入命令 "conda list" 查看此虚拟环境下的安装包时，是空的，如图 7-50 所示。

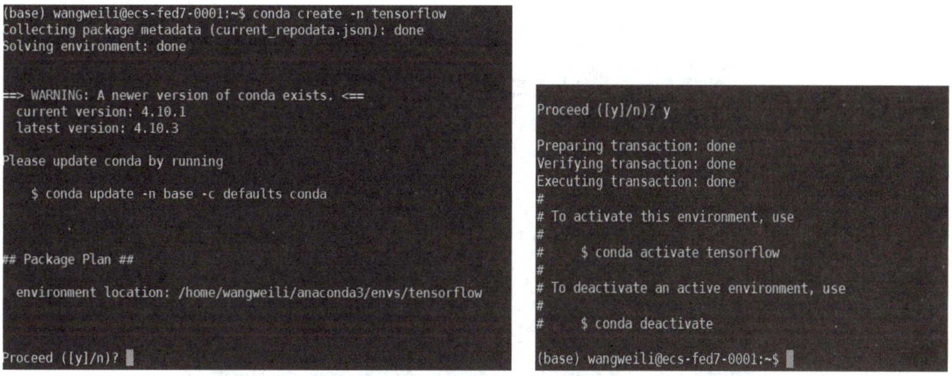

项目 7
人工神经网络应用

图 7-49 建立虚拟环境

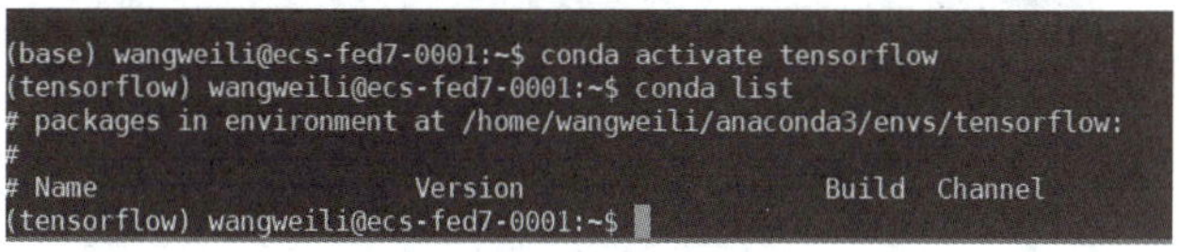

图 7-50 查看虚拟环境下的安装包

接下来开始在一个干净的环境中安装 Tensorflow。本项目是在 GPU 上进行训练，在 Tensorflow 的 1.15 版本及更早版本，CPU 和 GPU 软件包是分开的，具体如下：

```
conda install tensorflow==1.15          # CPU
conda install tensorflow-gpu==1.15      # GPU
```

现在已经统一，只需要安装 Tensorflow 软件包即可。如图 7-51 所示，输入命令"conda install tensorflow"即可，Tensorflow 的依赖包会自动安装。

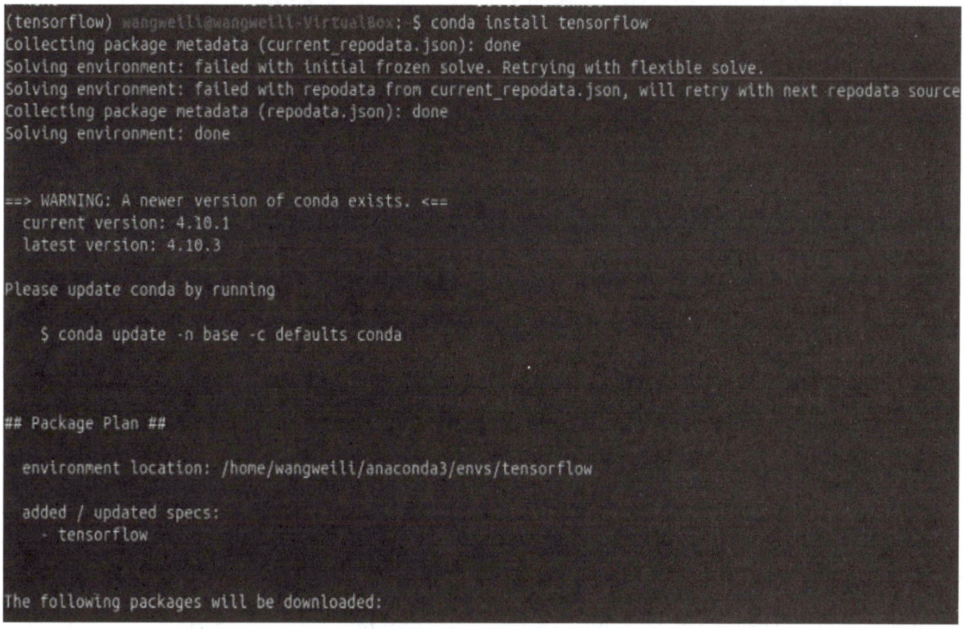

图 7-51 安装 Tensorflow 软件包

安装成功后，可以看一下已经安装的包，如图 7-52 所示。

```
multidict                  5.1.0       py39h2bbff1b_2
numpy                      1.21.2      py39hfca59bb_0
numpy-base                 1.21.2      py39h0829f74_0
oauthlib                   3.1.1       pyhd3eb1b0_0
openssl                    1.1.1l      h2bbff1b_0
opt_einsum                 3.3.0       pyhd3eb1b0_1
pip                        21.2.4      py39haa95532_0
protobuf                   3.14.0      py39hd77b12b_1
pyasn1                     0.4.8       pyhd3eb1b0_0
pyasn1-modules             0.2.8       py_0
pycparser                  2.21        pyhd3eb1b0_0
pyjwt                      2.1.0       py39haa95532_0
pyopenssl                  21.0.0      pyhd3eb1b0_1
pyreadline                 2.1         py39haa95532_1
pysocks                    1.7.1       py39haa95532_0
python                     3.9.7       h6244533_1
python-flatbuffers         1.12        pyhd3eb1b0_0
requests                   2.26.0      pyhd3eb1b0_0
requests-oauthlib          1.3.0       py_0
rsa                        4.7.2       pyhd3eb1b0_1
scipy                      1.7.1       py39hbe87c03_2
setuptools                 58.0.4      py39haa95532_0
six                        1.16.0      pyhd3eb1b0_0
snappy                     1.1.8       h33f27b4_0
sqlite                     3.36.0      h2bbff1b_0
tensorboard                2.6.0       py_1
tensorboard-data-server    0.6.0       py39haa95532_0
tensorboard-plugin-wit     1.6.0       py_0
tensorflow                 2.6.0       mkl_py39h31650da_0
tensorflow-base            2.6.0       mkl_py39h9201259_0
```

图 7-52　查看已经安装的包

这里只截取了一部分，但是可以看到 numpy 等必要的包已经自动安装了。但是在这里没有找到 cudatoolkit 包，因为这个不是 Tensorflow 必要的包，这个包只在使用 GPU 时才会用到，需要手动安装。之前查看过机器上的 GPU，支持的 CUDA 版本是 10.1，所以也要安装 cudatoolkit 包的 10.1 版本。需要根据自己的真实环境选择不同的版本，如图 7-53 所示。

```
(t2) C:\Users\wangweili>conda install cudatoolkit=10.1
Collecting package metadata (current_repodata.json): done
Solving environment: done

## Package Plan ##

  environment location: d:\Users\wangweili\anaconda3\envs\t2

  added / updated specs:
    - cudatoolkit=10.1


The following NEW packages will be INSTALLED:

  cudatoolkit        pkgs/main/win-64::cudatoolkit-10.1.243-h74a9793_0


Proceed ([y]/n)?
```

图 7-53　安装 cudatoolkit 包

现在查看已安装的包，就会看到 cudatoolkit 了，至此，Tensorflow 安装完毕。

⑤ 安装 pytorch。

同样如 Tensorflow，先创建虚拟环境，切换到此虚拟环境中，并执行命令。

```
conda install pytorch
```

安装 pytorch 软件包，同样也会把一些必要的包安装上，如图 7-54 所示。

从图中可以看到 numpy 版本为 1.19.2，和 Tensorflow 的 numpy 版本不一样。要进行 pytorch 手势图像识别训练还需要安装一个软件包：torchvision，这个包包含了目前流行的数据集、模型结构和常用的图片转换工具，如图 7-55 所示。

```
(base) D:\>conda create -n pytorch
Collecting package metadata (current_repodata.json): done
Solving environment: done

## Package Plan ##

  environment location: d:\Users\wangweili\anaconda3\envs\pytorch



Proceed ([y]/n)? y
```

```
(pytorch) D:\>conda install pytorch
Collecting package metadata (current_repodata.json): done
Solving environment: failed with initial frozen solve. Retrying with flexible solv
Solving environment: failed with repodata from current_repodata.json, will retry w
Collecting package metadata (repodata.json): done
Solving environment: done

## Package Plan ##

  environment location: d:\Users\wangweili\anaconda3\envs\pytorch

  added / updated specs:
    - pytorch


The following packages will be downloaded:

    package                    |            build
    ---------------------------|-----------------
    _pytorch_select-0.1        |            cpu_0           4 KB
    certifi-2021.10.8          |   py38haa95532_0         152 KB
    cffi-1.15.0                |   py38h2bbff1b_0         223 KB
    intel-openmp-2019.4        |              245         1.4 MB
    libmklml-2019.0.5          |      haa95532_0        17.5 MB
    mkl-2019.4                 |              245        99.2 MB
    mkl-service-2.3.0          |   py38h196d8e1_0          47 KB
    mkl_fft-1.3.0              |   py38h46781fe_0         134 KB
    mkl_random-1.1.0           |   py38hf9181ef_0         243 KB
    ninja-1.10.2               |   py38h559b2a2_3         250 KB
    numpy-1.19.2               |   py38hadc3359_0          22 KB
    numpy-base-1.19.2          |   py38ha3acd2a_0         3.8 MB
    pip-21.2.2                 |   py38haa95532_0         1.9 MB
    python-3.8.12              |      h6244533_0        16.0 MB
    pytorch-1.6.0              |cpu_py38h538a6d7_0        99.3 MB
    setuptools-58.0.4          |   py38haa95532_0         779 KB
    wincertstore-0.2           |   py38haa95532_2          15 KB
    ------------------------------------------------------------
```

图 7-54　安装 pytorch 软件包

```
(pytorch) D:\>conda install torchvision -c pytorch
Collecting package metadata (current_repodata.json): done
Solving environment: done

## Package Plan ##

  environment location: d:\Users\wangweili\anaconda3\envs\pytorch

  added / updated specs:
    - torchvision


The following packages will be downloaded:

    package                    |            build
    ---------------------------|-----------------
    cudatoolkit-10.1.243       |      h74a9793_0       300.3 MB
    pillow-8.4.0               |  py38hd45dc43_0         911 KB
    torchvision-0.7.0          |       py38_cu101         6.3 MB  pytorch
    ------------------------------------------------------------
                                           Total:       307.5 MB

The following NEW packages will be INSTALLED:

  cudatoolkit        pkgs/main/win-64::cudatoolkit-10.1.243-h74a9793_0
  freetype           pkgs/main/win-64::freetype-2.10.4-hd328e21_0
  jpeg               pkgs/main/win-64::jpeg-9d-h2bbff1b_0
  libpng             pkgs/main/win-64::libpng-1.6.37-h2a8f88b_0
  libtiff            pkgs/main/win-64::libtiff-4.2.0-hd0e1b90_0
  libwebp            pkgs/main/win-64::libwebp-1.2.0-h2bbff1b_0
  lz4-c              pkgs/main/win-64::lz4-c-1.9.3-h2bbff1b_1
  olefile            pkgs/main/noarch::olefile-0.46-pyhd3eb1b0_0
  pillow             pkgs/main/win-64::pillow-8.4.0-py38hd45dc43_0
  tk                 pkgs/main/win-64::tk-8.6.11-h2bbff1b_0
  torchvision        pytorch/win-64::torchvision-0.7.0-py38_cu101
  xz                 pkgs/main/win-64::xz-5.2.5-h62dcd97_0
  zlib               pkgs/main/win-64::zlib-1.2.11-h62dcd97_4
  zstd               pkgs/main/win-64::zstd-1.4.9-h19a0ad4_0
```

图 7-55　torchvision 软件包

可以看到安装 torchvision 软件包时自动安装了 cudatoolkit 版本 10.1，正好是显卡支持的版本。安装 pytorch 和 torchvision 可以放在一个命令里进行。

conda install pytorch torchvision cudatoolkit=10.1 -c pytorch

或者进入 pytorch 官网进行选择，生成命令，如图 7-56 所示。至此，软件环境配置完毕。

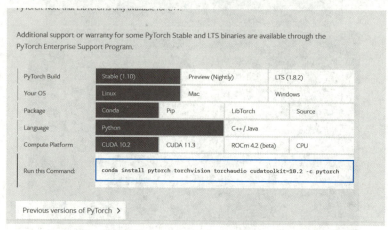

图 7-56　pytorch 官网选择安装包

任务 1　用 Tensorflow 实现手势识别

本任务利用神经网络识别伸出手指的个数。首先收集手指个数图片，然后设计一个小型的卷积网络对图片进行分类，计算出一个模型，然后利用这个模型再对手势进行识别。测试时，在镜头前伸出不同个数的手指，在屏幕上打印出识别的手指个数。

1．数据收集和分类

打开设备的摄像头，在摄像头前伸出手指并且变化不同的角度和位置，摄像头间隔很短时间捕获手指的图像并保存在特定的目录里，这样经过一段时间，就可以获取大量数据；伸出不同数目的手指，重复这一步骤，这样就完成了数据的获取和标注，如图 7-57 所示。

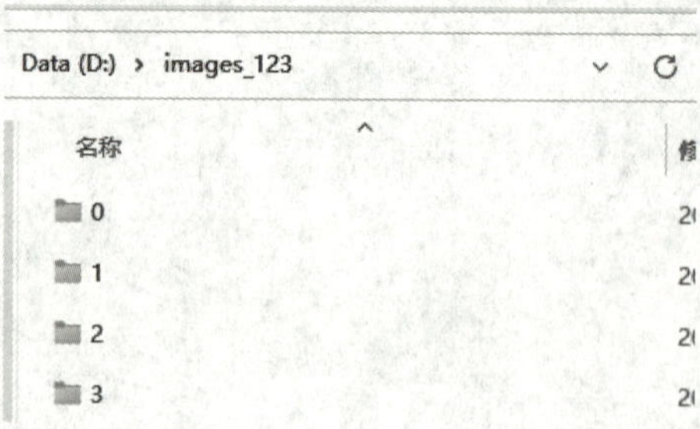

图 7-57　获取数据

图 7-57 中有 4 个目录，其中目录 0 里的图片没有手指，目录 1 里的图片有 1 个手指，目录 2 里的图片有 2 个手指，目录 3 里的图片有 3 个手指，如图 7-58 所示。

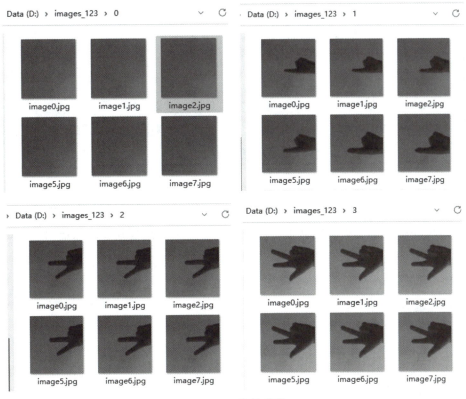

图 7-58 数据图片

该功能由程序 gather.py 实现，程序代码如下。

```python
import cv2
import sys

clicked = False
def onMouse(event, x, y, flags, param):
    global clicked
    if event == cv2.EVENT_LBUTTONUP:
        clicked = True

cameraCapture = cv2.VideoCapture(0)
cameraCapture.set(3, 100)
cameraCapture.set(4, 100) # 帧宽度和帧高度都设置为100像素
cv2.namedWindow('CaptureWindow')
cv2.setMouseCallback('CaptureWindow', onMouse)

print('showing camera feed. Click window or press and key to stop.')
success, frame = cameraCapture.read()
print(success)
count = int(sys.argv[1])
while success and cv2.waitKey(1) == -1 and not clicked:
    cv2.imshow('CaptureWindow', cv2.flip(frame, 0))
    success, frame = cameraCapture.read()
    name = 'images_123/' + sys.argv[2] + '/image'+str(count)+'.jpg'
    cv2.imwrite(name, frame)
    count+=1

cv2.destroyWindow('CaptureWindow')
cameraCapture.release()
```

代码说明：

- 第 5 行：引入 OpenCV 软件包 cv2，用于控制摄像头。
- 第 9 ～ 12 行：定义鼠标事件，用于退出拍摄。
- 第 14 ～ 18 行：初始化摄像头。
- 第 23 行：读取命令行参数，这个参数是图片计数。
- 第 24 ～ 29 行：拍摄图片，保存为文件，增加计数，继续拍摄直到单击鼠标退出。拍摄的文件保存在第 2 个命令含参数命名的目录中。

2．数据处理

前面完成了数据采集及标注，收集的数据是以图片格式储存在各个文件中。需要将图片转换成 Tensorflow 能够处理的数据，并且打乱顺序，将数据分成训练集和测试集，这里选取 80% 作为训练集，20% 作为测试集。

该功能由程序 process_image.py 实现，程序代码如下：

```python
import numpy as np
from PIL import Image
# from pylab import *
import os
import glob


# 训练时所用输入长、宽和通道大小
w = 28
h = 28

def to_one_hot(label):
    '''
    将标签转换成one-hot矢量，归一化
    '''
    label_one = np.zeros((len(label), np.max(label)+1))
    for i in range(len(label)):
        label_one[i, label[i]]=1
    return label_one


def read_img(path):
    '''
    读入图片并转化成相应的维度
    '''
    cate = [path + x for x in os.listdir(path) if os.path.isdir(path + x)]
    imgs = []
    labels = []
    for idx, folder in enumerate(cate):
        for im in glob.glob(folder + '/*.jpg'):
            print('reading the image: %s' % (im))
            # 读入图片，转化成灰度图，并缩小到相应维度
            img = np.array(Image.open(im).convert('L').resize((w,h)),dtype=np.float32)
            imgs.append(img)
            labels.append(idx)
    data,label = np.asarray(imgs, np.float32), to_one_hot(np.asarray(labels, np.int32))
    # 将图片随机打乱
    num_example = data.shape[0]
    arr = np.arange(num_example)
    np.random.shuffle(arr)
    data = data[arr]
```

```
45		label = label[arr]
46		# 80%用于训练，20%用于验证
47		ratio = 0.8
48		s = np.int32(num_example * ratio)
49		x_train = data[:s]
50		y_train = label[:s]
51		x_val   = data[s:]
52		y_val   = label[s:]
53	
54		x_train = np.reshape(x_train, [-1, w*h])
55		x_val = np.reshape(x_val, [-1, w*h])
56	
57		return x_train, y_train, x_val, y_val
58	
59	if __name__=="__main__":
60		path = 'images/'
61		x_train, y_train, x_val, y_val = read_img(path)
```

这里介绍一下流程：模块主要是 1 个函数 read_img。read_img 首先遍历目录下的所有文件，打开文件，转换成 28×28 大小，并把彩色转换为灰度，把转换后的数据存入一个 list 里，与每一个文件相对的标识存入另一个 list。最后把图片的 list 变为一个 numpy 数组（三维），如图 7-59a 所示，把标识 list 做 one-hot 处理，转化为一个 numpy 数组（二维），如图 7-59b 所示。转化完成后，再将数据打乱，然后分为 2 组，测试组和验证组；测试组数据占 80%，剩下的 20% 作为验证组。

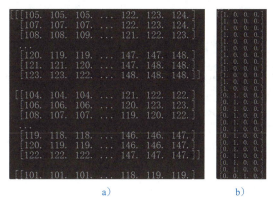

图 7-59 图片 list 处理

a）转化为三维数组 b）转化为二维数组

3．网络结构

本任务是一个简单的图像分类问题，可以使用卷积神经网络来进行分类，因此使用 MobileNets 网络架构进行分类。虽然模型大小只有 5MB 左右，但是在性能较低的设备（比如树莓派）上识别一张图片的时间大概在 0.5s 左右，远远不能满足要求。究其原因，是 MobileNets 对输入图片的尺寸要求至少是 128×128px，这大大增加了计算量。基于速度和精度的要求，本任务图片输入尺寸保持在 28×28×1px（和 MNIST 数据集一样），通过一个小的卷积网络来实现分类。卷积网络架构见表 7-2，总共有 4 个隐藏层。卷积神经网络的代码在程序 model.py 里，结合表格可以很容易地理解代码。

表 7-2　卷积网络架构

类　　型	Kernel 尺寸（px）/步长	输入尺寸/px
卷积	3×3×16/1	28×28×1
池化	2×2/2	28×28×16
卷积	3×3×32/1	14×14×16
池化	2×2/2	14×14×32
全连接	(7×7×32)×256	1×(7×7×32)
Dropout	随机失活	1×256
全连接	256×4	1×256
Softmax	分类输出	1×4

model.py 程序代码如下：

```python
from __future__ import absolute_import
from __future__ import division
from __future__ import print_function

# import tensorflow as tf
import tensorflow.compat.v1 as tf
import numpy as np

w = np.int32(28)
h = np.int32(28)

# 定义权重
def weight_variable(shape, name):
    return tf.Variable(tf.truncated_normal(shape, stddev=0.1), name=name)

# 定义偏差
def bias_variable(shape, name):
    return tf.Variable(tf.constant(0.1, shape=shape), name=name)

# 网络架构
def model(x, keep_prob):
    '''
    '''
    x_image = tf.reshape(x, [-1, w, h, 1])
    # Conv1
    with tf.name_scope('conv1'):
        W_conv1 = weight_variable([3, 3, 1, 16], name="weight")
        b_conv1 = bias_variable([16], name='bias')
        h_conv1 = tf.nn.relu(
            tf.nn.conv2d(x_image, W_conv1, strides=[1,1,1,1], padding="SAME", name='conv')
            + b_conv1)
        h_pool1 = tf.nn.max_pool(h_conv1, ksize=[1,2,2,1], strides=[1,2,2,1], \
                                  padding="SAME", name="pool")
    # Conv2
    with tf.name_scope('conv2'):
        W_conv2 = weight_variable([3, 3, 16, 32], name="weight")
        b_conv2 = bias_variable([32], name='bias')
        h_conv2 = tf.nn.relu(
            tf.nn.conv2d(h_pool1, W_conv2, strides=[1,1,1,1], padding="SAME", name='conv') \
            + b_conv2)
        h_pool2 = tf.nn.max_pool(h_conv2, ksize=[1,2,2,1], strides=[1,2,2,1], \
                                  padding="SAME", name="pool")
    # fc1
    with tf.name_scope('fc1'):
        W_fc1 = weight_variable([7*7*32, 256], name="weight")
```

```
49              b_fc1 = bias_variable([256], name='bias')
50              h_pool2_flat = tf.reshape(h_pool2, [-1, 7*7*32])
51              h_fc1 = tf.nn.relu(
52                  tf.matmul(h_pool2_flat, W_fc1)+b_fc1)
53          # Dropout
54          h_fc1_drop = tf.nn.dropout(h_fc1, keep_prob)
55          # fc2
56          with tf.name_scope('fc2'):
57              W_fc2 = weight_variable([256, 4], name="weight")
58              b_fc2 = bias_variable([4], name='bias')
59              y = tf.nn.softmax(
60                  tf.matmul(h_fc1_drop, W_fc2)+b_fc2, name="output")
61          return y
```

4．训练模型

使用之前准备好的数据，对前面的网络架构进行训练，得到模型并保存在 model 文件夹中，这部分代码在程序 train.py 中，程序代码如下：

```
4   from __future__ import absolute_import
5   from __future__ import division
6   from __future__ import print_function
7
8   import os
9   os.environ["CUDA_VISIBLE_DEVICES"] = "0"
10  import tensorflow as tf
11  # import tensorflow.compat.v1 as tf
12  import argparse
13  import sys
14  import model
15  import process_image
16  import numpy as np
17
18  w = 28
19  h = 28
20
21  def main(args):
22      lr = args.learning_rate
23      batch_size = args.batch_size
24      epochs = args.epochs
25      keep_prob_value = args.keep_prob
26      train(lr,batch_size, epochs, keep_prob_value)
27
28
29  def train(lr, batch_size, epochs, keep_prob_value):
30      # 读入图片
31      path = 'images_123/'
32      x_train, y_train, x_val, y_val = process_image.read_img(path)
33      x_train = x_train/255.0 # 图片预处理
34      x_val = x_val/255.0
35      tf.compat.v1.disable_eager_execution()
36      x = tf.placeholder(tf.float32, [None, w*h], name="images")
37      y_ = tf.placeholder(tf.float32, [None, 4], name="labels")
38      keep_prob = tf.placeholder(tf.float32, name="keep_prob")
39      y = model.model(x, keep_prob)
40      # Cost function
41      cross_entropy = tf.reduce_mean(-tf.reduce_sum(y_*tf.log(y+1e-10), \
42          reduction_indices=[1]),name="corss_entropy")
43      train_step = tf.train.AdamOptimizer(lr).minimize(cross_entropy)
44      correct_prediction = tf.equal(tf.argmax(y,1), tf.argmax(y_,1))
45      accuracy = tf.reduce_mean(tf.cast(correct_prediction, tf.float32), name="accuracy")
46      saver = tf.train.Saver()
47      print("begin training ... ...!!")
```

```
48      # Start training
49      # 下一行为在CPU上训练
50      # with tf.Session() as sess:
51      gpu_options = tf.GPUOptions(per_process_gpu_memory_fraction=0.4, allow_growth = True)
52      with tf.Session(config=tf.ConfigProto(gpu_options=gpu_options, \
53              # allow_soft_placement=True, \
54              log_device_placement=True)) as sess:
55          with tf.device("/gpu:0"):
56              sess.run(tf.global_variables_initializer())
57              for i in range(epoches+1):
58                  iters = np.int32(len(x_train)/batch_size)+1
59                  for j in range(iters):
60                      if j==iters-1:
61                          batch0 = x_train[j*batch_size:]
62                          batch1 = y_train[j*batch_size:]
63                      else:
64                          batch0 = x_train[j*batch_size:(j+1)*batch_size]
65                          batch1 = y_train[j*batch_size:(j+1)*batch_size]
66                      if i%25==0 and j==1:
67                          train_accuracy, cross_ent = sess.run([accuracy, cross_entropy], \
68                              feed_dict={x:batch0, y_:batch1, \
69                              keep_prob: keep_prob_value})
70                          print("step %d, training accuracy %g, corss_entropy %g" % \
71                              (i, train_accuracy, cross_ent))
72                          # Save model
73                          saver_path = saver.save(sess,"model/model.ckpt")
74                          print("Model saved in file:", saver_path)
75                          test_accuracy = sess.run(accuracy, feed_dict={x:x_val, \
76                              y_:y_val, keep_prob: 1.0})
77                          print("test accuracy %g" % test_accuracy)
78                      sess.run(train_step, feed_dict={x:batch0, y_:batch1, \
79                          keep_prob:keep_prob_value})
80              test_accuracy = sess.run(accuracy, feed_dict={x:x_val, \
81                  y_:y_val, keep_prob: 1.0})
82              print("test accuracy %g" % test_accuracy)
83
84
85  def parse_arguments(argv):
86      parser = argparse.ArgumentParser()
87      parser.add_argument('--learning_rate', type=float, \
88              help="learning rate", default=1e-4)
89      parser.add_argument('--batch_size', type=float, \
90              help="batch_size", default=50)
91      parser.add_argument('--epoches', type=float, \
92              help="epoches", default=100)
93      parser.add_argument('--keep_prob', type=float, \
94              help="keep prob", default=0.5)
95      return parser.parse_args(argv)
96
97
98  if __name__=="__main__":
99      main(parse_arguments(sys.argv[1:]))
```

训练时有几个重要的参数：

1）learning_rate：学习率，默认为1e-4（1×10^{-4}）。

2）batch_size：一次训练所选取的样本数，默认为50。

3）Epoches：迭代次数，默认为100。

4）keep_prob：保持率，默认为0.5。

输入命令"python train.py"就可以以默认参数启动训练，图7-60即为默认参数在CPU上训练的输出。

项目 7
人工神经网络应用

```
begin training ... ...!!
2021-12-10 09:51:57.307119: I tensorflow/core/platform/cpu_feat
rk Library (oneDNN) to use the following CPU instructions in pe
To enable them in other operations, rebuild TensorFlow with the
2021-12-10 09:51:57.315260: I tensorflow/core/common_runtime/pr
using inter_op_parallelism_threads for best performance.
step 0, training accuracy 0.24, corss_entropy 1.85336
Model saved in file: model/model.ckpt
test accuracy 0.254425
step 25, training accuracy 1, corss_entropy 0.0254769
Model saved in file: model/model.ckpt
test accuracy 0.987999
step 50, training accuracy 1, corss_entropy 0.00294387
Model saved in file: model/model.ckpt
test accuracy 0.9988
step 75, training accuracy 1, corss_entropy 0.000434305
Model saved in file: model/model.ckpt
test accuracy 0.9997
step 100, training accuracy 1, corss_entropy 0.000764419
Model saved in file: model/model.ckpt
test accuracy 0.9994
test accuracy 1
```

图 7-60 默认参数在 CPU 上训练的输出

本程序默认是在 GPU 上训练，以下代码标识在 GPU 上执行，如图 7-61 所示。

```
50    # with tf.Session() as sess:
51    gpu_options = tf.GPUOptions(per_process_gpu_memory_fraction=0.4, allow_growth = True)
52    with tf.Session(config=tf.ConfigProto(gpu_options=gpu_options, \
53        # allow_soft_placement=True, \
54        log_device_placement=True)) as sess:
55        with tf.device("/gpu:0"):
```

图 7-61 在 GPU 上执行代码标识

图 7-61 中被注释的这行代码是在 CPU 运行时用的。再运行一下代码，可以看到计算是在 GPU 上运行的，如图 7-62 所示。

```
conv2/weight/Adam_1/Initializer/zeros/Const: (Const): /job:localhost/replica:0/task:0/device:GPU:0
2021-12-12 16:20:19.239114: I tensorflow/core/common_runtime/placer.cc:54] conv2/weight/Adam_1/Init
ica:0/task:0/device:GPU:0
conv2/bias/Adam/Initializer/zeros: (Const): /job:localhost/replica:0/task:0/device:GPU:0
2021-12-12 16:20:19.239274: I tensorflow/core/common_runtime/placer.cc:54] conv2/bias/Adam/I
0/device:GPU:0
conv2/bias/Adam_1/Initializer/zeros: (Const): /job:localhost/replica:0/task:0/device:GPU:0
2021-12-12 16:20:19.239415: I tensorflow/core/common_runtime/placer.cc:54] conv2/bias/Adam_1 Initializ
sk:0/device:GPU:0
fc1/weight/Adam/Initializer/zeros/shape_as_tensor: (Const): /job:localhost/replica:0/task:0/device:GPU
2021-12-12 16:20:19.239572: I tensorflow/core/common_runtime/placer.cc:54] fc1/weight/Adam/Initializ
t/replica:0/task:0/device:GPU:0
fc1/weight/Adam/Initializer/zeros/Const: (Const): /job:localhost/replica:0/task:0/device:GPU:0
2021-12-12 16:20:19.239699: I tensorflow/core/common_runtime/placer.cc:54] fc1/weight/Adam/Initializ
:0/task:0/device:GPU:0
fc1/weight/Adam_1/Initializer/zeros/shape_as_tensor: (Const): /job:localhost/replica:0/task:0/device:G
2021-12-12 16:20:19.239808: I tensorflow/core/common_runtime/placer.cc:54] fc1/weight/Adam_1/Initializ
ost/replica:0/task:0/device:GPU:0
fc1/weight/Adam_1/Initializer/zeros/Const: (Const): /job:localhost/replica:0/task:0/device:GPU:0
2021-12-12 16:20:19.239910: I tensorflow/core/common_runtime/placer.cc:54] fc1/weight/Adam_1/Initializ
a:0/task:0/device:GPU:0
fc1/bias/Adam/Initializer/zeros: (Const): /job:localhost/replica:0/task:0/device:GPU:0
```

图 7-62 在 GPU 上运行

在训练过程中运行命令"nvidia-smi"，可以看到图 7-63 所示的输出。

可以明确地看到训练在运行，并可以看到 GPU 使用率约为 60%。

图 7-63 运行命令 "nvidia-smi" 输出

5．使用模型

通过前面几步就训练好了网络模型，这时可以在和之前拍取照片同样的环境下，在摄像头前伸出不同数目的手指，运行代码"recognize.py"，就可以看到屏幕打印出手指个数。

recognize.py 程序代码如下：

```
4   from __future__ import absolute_import
5   from __future__ import division
6   from __future__ import print_function
7
8   # import tensorflow as tf
9   import tensorflow.compat.v1 as tf
10  import numpy as np
11  import PIL.Image as Image
12  import time
13  import cv2
14  import signal
15  import atexit
16
17  def recognize(model_dir, classes):
18      clicked = False
19      def onMouse(event, x, y, flags, param):
20          global clicked
21          if event == cv2.EVENT_LBUTTONUP:
22              clicked = True
23      cameraCapture = cv2.VideoCapture(0)
24      cameraCapture.set(3, 100) # 帧宽度
25      cameraCapture.set(4, 100) # 帧高度
26      cv2.namedWindow('MyWindow')
27      cv2.setMouseCallback('MyWindow', onMouse)
28      print('showing camera feed. Click window or press and key to stop.')
29      success, frame = cameraCapture.read()
30      green = (0, 255, 0)
31      print(success)
32      count = 0
33      flag = 0
34
35      saver = tf.train.import_meta_graph(model_dir+".meta")
36      with tf.Session() as sess:
37          saver.restore(sess, model_dir)
38          x = tf.get_default_graph().get_tensor_by_name("images:0")
```

```
39            keep_prob = tf.get_default_graph().get_tensor_by_name("keep_prob:0")
40            y = tf.get_default_graph().get_tensor_by_name("fc2/output:0")
41            count=0
42            while success and cv2.waitKey(1)==-1 and not clicked:
43                time1 = time.time()
44                cv2.imshow('MyWindow', frame)
45                success, frame = cameraCapture.read()
46                cv2.rectangle(frame, (15, 10), (80, 80), green)
47                img = Image.fromarray(frame)
48
49                # 将图片转化成灰度并缩小尺寸
50                img = np.array(img.convert('L').resize((28, 28)),dtype=np.float32)
51                img = img.reshape((1,28*28))
52                img = img/255.0 # 图像前处理
53                prediction = sess.run(y, feed_dict={x:img,keep_prob: 1.0})
54                index = np.argmax(prediction)
55                probability = prediction[0][index]
56                # 设置probability为0.8是为了提高识别稳定性
57                if index==1 and flag!=1 and probability>0.8:
58                    flag=1
59                    print(classes[index])
60                elif index==2 and flag!=2 and probability>0.8:
61                    flag = 2
62                    print(classes[index])
63                elif index==3 and flag!=3 and probability>0.8:
64                    flag = 3
65                    print(classes[index])
66                elif index==0 and flag!=0 and probability>0.8:
67                    flag = 0
68                    print(classes[index])
69                time2 = time.time()
70            cv2.destroyWindow('MyWindow')
71            cameraCapture.release()
72
73
74 if __name__=="__main__":
75     classes = ['0','1','2','3']
76     model_dir="model/model.ckpt"
77
78     recognize(model_dir, classes)
```

任务 2　用 pytorch 实现手写数字识别

扫码看视频

在 pytorch 中构建一个简单的神经网络，并使用 MNIST 数据集训练它识别手写数字。在 MNIST 数据集上训练分类器可以看作图像识别的 "hello world"。

MNIST 包含 70000 张手写数字图像：60000 张用于培训，10000 张用于测试。图像为灰度，28×28px，居中，以减少预处理和加快运行，如图 7-64 所示。

1．数据收集和分类

这里不需要自己收集数据分类，而是使用 torch 来下载标准的数据集，程序为 "mnist_train.py"，作用是加载数据集，

图 7-64　MNIST 手写数字图像

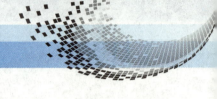

如果没有会自动下载到本目录下的 MNIST 文件夹中。数据分布在 0 附近，并打散，训练集和测试集的数据比例为 6:1。

mnist_train.py 程序代码第 1 部分：

```
6  import torch
7  from torch import nn
8  from torch.nn import functional as F
9  from torch import optim
10
11 import torchvision
12 from matplotlib import pyplot as plt
13
14 from utils import plot_image, plot_curve, one_hot
15
16 batch_size = 512
17 # step1:load dataset
18 # 加载数据集，没有的话会自动下载，数据分布在0附近，并打散
19 train_loader = torch.utils.data.DataLoader( \
20     torchvision.datasets.MNIST('mnist_data', train=True, download=True, \
21         transform=torchvision.transforms.Compose([ \
22         torchvision.transforms.ToTensor(), \
23         torchvision.transforms.Normalize( \
24         (0.1307,), (0.3081,)) \
25         ])), \
26     batch_size=batch_size, shuffle=True)
27
28 test_loader = torch.utils.data.DataLoader( \
29     torchvision.datasets.MNIST('mnist_data/', train=False, download=True, \
30         transform=torchvision.transforms.Compose([ \
31         torchvision.transforms.ToTensor(), \
32         torchvision.transforms.Normalize((0.1307,), (0.3081,))])), \
33     batch_size=batch_size, shuffle=False)
34
```

下载完数据后把数据加载到 GPU，注意最后一行绘图时不支持从 GPU 读数据，所以要临时把数据转到 CPU。

mnist_train.py 程序代码第 2 部分：

```
35 # 显示: batch_size=512, 一张图片28*28,Normalize将数据均匀
36 x, y = next(iter(train_loader))
37 x = x.cuda(0)
38 y = y.cuda(0)
39 print(x.shape, y.shape, x.min(), x.max())
40 plot_image(x.cpu(), y.cpu(), 'image sample')
41
```

2．网络结构

网络结构采用三层线性模型，前两层用 ReLU 函数，batch_size=512，一张图片为 28×28px，用 Normalize 将数据均匀分布。

mnist_train.py 程序代码第 3 部分：

```
42 # 建立模型
43
44
```

```
45  class Net(nn.Module):
46      '''
47      '''
48      def __init__(self):
49          super(Net, self).__init__()
50          # wx+b
51          self.fc1 = nn.Linear(28*28, 256)
52          self.fc2 = nn.Linear(256, 64)
53          self.fc3 = nn.Linear(64, 10)
54
55      def forward(self, x):
56          # x:[b,1,28,28]
57          # h1=relu(w1x+b1)
58          x = F.relu(self.fc1(x))
59          # h2=relu(h1w2+b2)
60          x = F.relu(self.fc2(x))
61          # h3=h2w3+b3
62          x = self.fc3(x)
63          return x
64
```

3．训练模型

设置学习率为0.01，momentum（动量）= 0.9，loss 定义，梯度清零、计算、更新，每 10 次显示 loss，可以看到 loss 下降。代码的最后把保存的每次迭代的 loss 以图片的方式显示出来，如图 7-65 所示，可以看到明显的趋势，同时在终端界面也会有数据输出。

mnist_train.py 程序代码第 4 部分：

```
65
66  #           return F.log_softmax(x, dim=1)
67  # 训练
68  net = Net()   # 初始化
69  # 返回[w1,b1,w2,b2,w3,b3]
70  optimizer = optim.SGD(net.parameters(), lr=0.01, momentum=0.9)
71  train_loss = []
72
73  for epoch in range(3):
74      for batch_idx, (x, y) in enumerate(train_loader):
75          #           x[b,1,28,28] y:[512]
76          #           print(x.shape,y.shape)
77          #           break
78          #           x, y = Variable(x), Variable(y)
79          # [b,1,28,28]=>[b,784]实际图片4维打平为二维
80          x = x.view(x.size(0), 28*28)
81          # [b,10]
82          out = net(x)
83          # [b,10]
84          y_onehot = one_hot(y)
85          # loss=mse(out,y_onehot)
86          loss = F.mse_loss(out, y_onehot)
87          optimizer.zero_grad()
88          loss.backward()
89          # w'=w-li*grad
90          optimizer.step()
91
92  # 测试
93          train_loss.append(loss.item())
```

```
94              if batch_idx % 10 == 0:
95                  print(epoch, batch_idx, loss.item())
96  plot_curve(train_loss)
97  # 达到较好的[w1,b1,w2,b2,w3,b3]
98
99  total_correct = 0
100 for x, y in test_loader:
101     x = x.view(x.size(0), 28*28)
102     # out:[b,10] => pred:[b]
103     out = net(x)
104
105     pred = out.argmax(dim=1)
106     correct = pred.eq(y).sum().float().item()
107     total_correct += correct
108
109 total_num = len(test_loader.dataset)
110 acc = total_correct / total_num
111 print('test acc:', acc)
112
113 x, y = next(iter(test_loader))
114 out = net(x.view(x.size(0), 28*28))
115 pred = out.argmax(dim=1)
116 plot_image(x, pred, 'test')
```

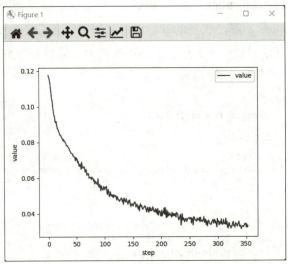

图 7-65 每次迭代的 loss 图片

在图 7-66 中也可以看到训练是在 GPU 上进行的。这个 pytorch 的代码比较简单，而且省去了收集数据、标注数据的过程。

图 7-66 在 GPU 上运行

任务 3　利用神经网络辨认鱼的种类

扫码看视频

为了更简单地完成神经网络建构和参数计算工作，使用 Keras API 开发包。Keras 是一个用 Python 编写的高级神经网络 API 开发包，其特点是能以 TensorFlow 等大型深度学习平台为后端，快速搭建各种神经网络的结构。本任务的后端也由 TensorFlow 支持。

首先利用案例训练得到的网络参数建立一个应用测试程序"identify fish"，来体验神经网络工作的实际情况。

程序代码：

```
# identify fish
import numpy as np
ty = [" 鲢鱼 "," 鲤鱼 "] #　鲤鱼
ag = 1
maxinx = 0
while ag:
    bl = 0.0
    bl = float(input(" 输入鱼的身长 "))
    hl = 0.0
    hl = float(input(" 输入鱼的腮长 "))

    #weights：
    #[[-0.67, -0.14]
    # [1.34, -1.1]]
    #bias：
    #[0.02, -0.02]
    print("%5d%5d" % (bl, hl))
    maxinx = np.argmax((np.matmul([bl, hl], [[-0.67, -0.14], [1.34, -1.1]]) + [0.02, -0.02]))
    print(ty[maxinx])
    ag = int(input("again? press 1，Exit press 0 "))
```

输出结果：

```
输入鱼的身长 25.5
输入鱼的腮长 8.5
   25    8
鲢鱼
again? press 1，Exit press 0：1
输入鱼的身长 27
输入鱼的腮长 5.5
   27    5
鲤鱼
```

下面将构建具体的神经网络案例"karas_fish_loaddata.py",用来分辨鲤鱼和鲢鱼,只要有鱼类的外观信息,系统就能分辩鱼的种类。构建该神经网络的代码如下:

程序代码:

```
1    """
2    karas_fish_loaddata.py
3    Created on Sat Aug 14 14:30:32 2021
4    author:
5    """
6    
7    
8    import numpy as np
9    from keras.utils import np_utils
10   from keras.models import Sequential
11   from keras.layers import Dense, Activation
12   from tensorflow.keras.optimizers import SGD
13   
14   def data_pro():
15   
16       trainset = np.load("trainset.npy")
17       evaluset = np.load("evaluset.npy")
18       TL=trainset.shape[0]
19       EL=evaluset.shape[0]
20       tx = trainset[np.arange(TL), 0]
21       ty = trainset[np.arange(TL), 1]
22       evx = evaluset[np.arange(EL), 0]
23       evy = evaluset[np.arange(EL), 1]
24       
25       return tx, ty, evx, evy
26   
27   def model_train():
28       tx, ty, evx, evy=data_pro()
29       
30       model = Sequential([
31           Dense(2, input_dim=2,use_bias=True),
32           Activation('softmax'),
33       ])
34       sgd=SGD(lr=0.002)
35       model.compile(optimizer=sgd,
36                     loss='categorical_crossentropy',
37                     metrics=['accuracy'])
38       model.fit(tx, ty, epochs=10, batch_size=100)
39   
```

```
40      loss, accuracy = model.evaluate(evx, evy)
41
42      print('test loss: ', loss)
43      print('test accuracy: ', accuracy)
44
45      print (model.weights)
46
47  if __name__ == "__main__":
48
49      model_train()
```

输出结果和关键参数如下，如图 7-67 所示。

test loss: 0.22580678761005402

test accuracy: 1.0

[<tf.Variable 'dense/kernel:0' shape=(2, 2) dtype=float32, numpy=
array([[-1.0240332 , -0.73631036],
       [1.2701933 , -0.06666836]], dtype=float32)>, <tf.Variable 'dense/bias:0' shape=(2,) dtype=float32, numpy=array([-0.00024391, 0.00024392], dtype=float32)>]

注意：本项目所有计算得出的矩阵系数、损失率和准确率数据都会因计算平台不同，存在结果的差别或误差。

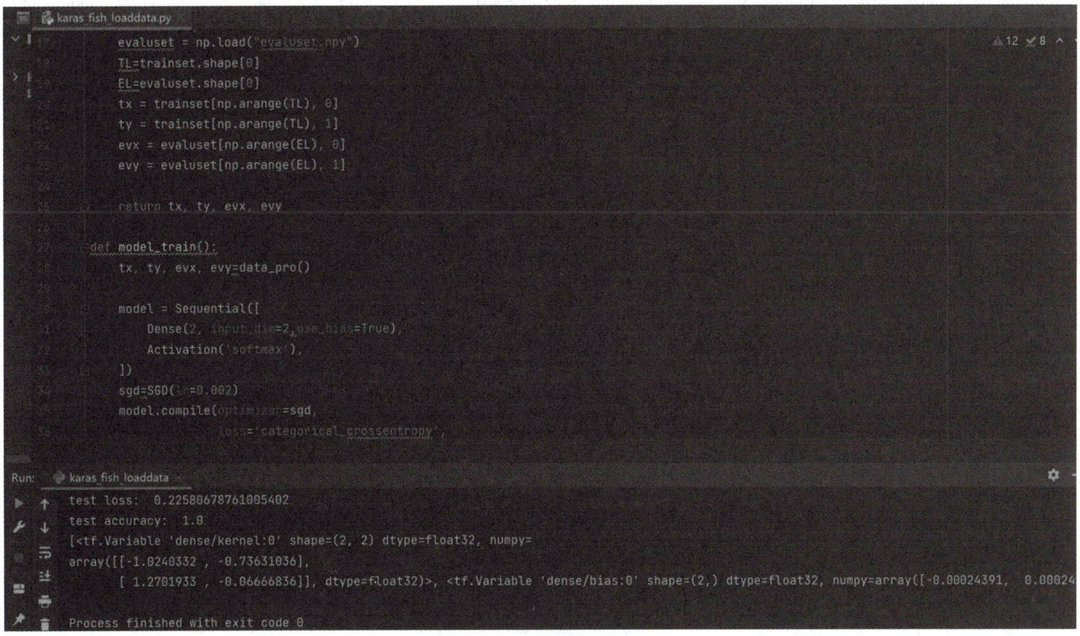

图 7-67 运行结果

代码说明：

- 第 8～12 行：引用了所需要的工具包。
- 第 14 行：def data_pro() 定义了处理数据的函数。

- 第 16、17 行：使用了 trainset = np.load("trainset.npy")，这种形式从文件装载了数据，这种方式比之前的 loadtxt 方便一些，因为 np.load 方法可以直接装在结构化的数组数据。
- 第 18、19 行：TL 和 EL 通过 shape 参数获得了训练集和测试集的长度。
- 第 20 ~ 23 行：装配了训练集和测试集的数据。其中 tx 是训练集的特征，ty 是训练集的标记；evx 是测试集的特征，evy 是测试集的标记。
- 第 27 行：def model_train() 定义了网络训练函数。
- 第 28 行：在 model_train() 的一开始就调用了 data_pro() 函数，该函数的目的是处理数据。
- 第 30 ~ 33 行：搭建了网络。网络名称是 model，模型由 Sequential 函数定义，该函数在 Keras 中用来生成普通的全连接网络。

    该函数的参数中，Dense 表示网络层级，由于 model 中只有一个 Dense，所以本任务是个单层网络。Dense 的参数说明了网络的特征：第一个参数指明网络的输出是 2，因为本任务的目的就是对 2 种鱼分类。input_dim=2 说明网络的输入参数的维度是 2，这是因为输入参数是鱼的身长和鳃长，所以维度也是 2。use_bias 参数说明是否需要偏置，这里设为 True 表达"需要"。

    后面的 Activation('softmax') 表示本网络使用"对数概率回归"的 softmax 函数作为激活函数。
- 第 34 行：定义了"优化器"，SGD 是一种被称为随机梯度下降的优化器。
- 第 35 ~ 37 行：网络"编译"。"编译"是生成网络的过程，这里的"optimizer"选项指定了网络的优化器是刚定义的 sgd，loss 参数用来指定损失函数，它是被优化的对象，之后将介绍"categorical_crossentropy"（交叉熵损失函数），网络的度量指标是 'accuracy'（准确度）。
- 第 38 行：训练网络的过程。Keras 特地使用了和 skilearn 函数包一致的称谓："fit"。Kreas 训练过程也需要向 fit 函数传入训练集的特征和标记，之后指定训练强度。epochs 参数将确定所有数据训练的"轮数"，batch_size 说明每次送入网络进行训练的数据量。
- 第 40 ~ 43 行：训练完成后，用这段程序在测试集上进行了测试，并打印准确率。
- 第 45 行：将 model 的 weights 参数打印，weights 是该程序所优化的神经网络的重要参数。
- 第 47 行：if __name__ == "__main__": 说明当程序开始运行时需要执行的语句。

    从 if __name__ == "__main__" 模块的内容可以看出，程序一运行就执行 model_train() 函数。

项目 7 人工神经网络应用

从图 7-9 中程序的输出情况看：

test loss: 0.22580678761005402

test accuracy: 1.0

1.0 代表 100%，由于这个应用比较简单，所以准确率很高。

[<tf.Variable 'dense/kernel:0' shape=(2, 2) dtype=float32, numpy=
array([[-1.0240332 , -0.73631036],
       [1.2701933 , -0.06666836]], dtype=float32)>, <tf.Variable 'dense/bias:0' shape=(2,) dtype=float32, numpy=array([-0.00024391, 0.00024392], dtype=float32)>]

从结果看，该网络的参数是两个矩阵：

[[-1.0240332 , -0.73631036],[1.2701933 , -0.06666836]] 以及 [-0.00024391, 0.00024392]

完成神经网络训练后，由于该网络十分简单，所以能将上面的重要参数手工写入应用测试程序"identify fish"：

maxinx = np.argmax((np.matmul([bl, hl], [[-0.67, -0.14], [1.34, -1.1]]) + [0.02, -0.02]))

从这个案例可以看出，项目总体上分为训练和使用网络两部分。定义网络结构、根据训练集优化网络模型，就可以得到所需要的神经网络参数，得到参数的过程就是神经网络的训练或学习过程。而利用参数完成实际工作的部分被称为"生产"过程。整个过程与人工智能的一般求解和应用方式完全吻合。

神经网络的训练过程如图 7-68 所示。具体步骤如下：

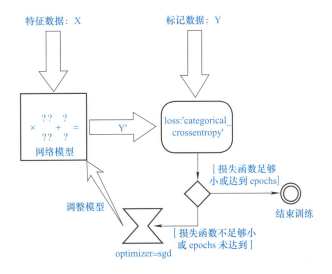

图 7-68　神经网络的训练过程

1）准备特征数据 X 和标记数据 Y。

2）定义网络模型。

3）将特征数据送入模型，计算出预测结果 Y'。

4）用损失函数表示标记数据 Y 和预测结果 Y'的偏差，训练就是使损失函数足够小。

5）若损失函数不够小，且训练"轮数"（epochs）未到（还有数据可训练），那么通过"优化器"调整模型参数。

6）重复3）～5）步骤，直至损失函数足够小或训练轮数用尽则退出训练。

因此，神经网络的训练过程就是不断地将数据送入一个"黑箱"并得到"黑箱输出"，再用已知的正确结果和"黑箱结果"比对，若不符合则调整"黑箱"的参数，直到得到满意的结果。这时"黑箱"就成为调整好的具有"人工智能"的"机器"。

黑箱算法是软件领域的术语，指不知道实现细节，只考虑输入和输出关系的算法。道理虽然简单，但是细节却蕴含着巧思，"黑箱"的结构应该是怎样的呢？这里的"黑箱结构"就是模型。其设计思路是这样的：

若一个输入对应一个输出，那么数学上最简单的形式就是 $y=kx+b$。对于这个方程，若知晓 k、b，那么之后无论给出怎样的 x 都能求出 y。而且 k、b 非常容易求出，只要知晓两组 x、y 的值即可，如3、5和2、3。那么解联立方程求解：

$$3k+b=5$$
$$2k+b=3$$

得出结果，$k=2$，$b=-1$，于是 x 和 y 的关系就确定为 $2x-1=y$。

由此可见，模型中使用的最容易的关系就是线性关系，观察公式7-1、7-2也可以得出线性关系的变形。关键是复杂的关系如何表达和确定系数呢？

神经网络采取了"简单粗暴"的方法，y 是由多少特征决定的，就为线性模型确定多少个参数：

$$y=k_1x_1+k_2x_2+\cdots+k_nx_n+b \tag{7-4}$$

式7-4可以用矩阵表达，即式7-5：

$$y=\omega X+b \tag{7-5}$$

在式7-5中，ω 表达向量 $[k_1, k_2, \cdots, k_n]^T$，X 表达向量 $[x_1, x_2, x_3]$。很明显，式7-5是一个线性方程，神经网络求解的关键就是求这个模型的 ω 和 b。模型重要参数就是 ω 和 b，回顾"keras_fish_loaddata.py"程序案例的第45行的输出也可以得到相同结论。

下面的问题就是系数太多的方程计算量是巨大的，如何解决？是否有办法提高模型的"智力"？将在任务2中继续探索。

任务4　用梯度下降算法求解最优参数

通过研究发现，脑细胞多的生物较聪明，那么节点多的神经网络会"聪明些"吗？试验发现：在大多数问题中，节点多的网络准确率会提高，而且同样多的节点数，层数多的网络性能比层数少的网络好。

于是，当前神经网络中扩充网络节点数的常见方法就是扩展网络结构的层数，当层数多于三层时，必定产生对于输入和输出都不可见的"隐藏层"，如图 7-69 所示。

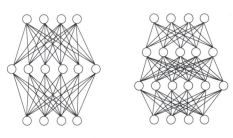

图 7-69　有隐藏层的多层网络

观察图 7-11 中的网络，每层的神经元只与下一层连接，不存在同层连接和跨层连接，这是最简单的多层网络形态，也称为"前馈网络"或"前馈神经网络"。

由于网络中的节点众多，需要一个有效的方法对每个节点的权值进行调节，对于监督学习而言，在"训练集"中除了输入属性 x_i 已知外，还知道每条数据的输出 y_i，这时可以先按照网络的定义，利用任意值初始化权值（称为 W_0），计算出一个 y_0，可以想见 y_0 和 y_i 必定存在偏差，该偏差也是权值的函数，在神经网络中称其为"损失函数"（loss），通过调节权值直至损失函数的值收敛于较低值，那么就可以认为这时的权值能够让网络的功能达到最优，loss 持续降低的过程如图 7-70 所示。通过试验总结，在分类算法中使用交叉熵（Crossentropy）函数作为损失函数有更好的性能，在 Keras 中交叉熵函数的名称是 'categorical_crossentropy'。

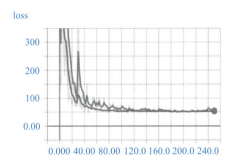

图 7-70　通过调节权值，loss 持续降低并收敛

如何有效地调节参数以达到最小的代价呢？由于实用神经网络中系数的数量巨大，不可能用联立方程的方式解出系数的"准确值"，所以在训练神经网络的过程中，通常使用一种"梯度下降算法"求解最优参数。

想象有一座奇怪的山，所有的路径都是规范地沿着坐标轴 x 或 y 的方向排布，如何从山顶尽快到达山脚呢？方法就是每走一步都先计算一下，从 x 方向走一步下山用时短还是从 y 方向走一步下山用时短，始终选择下降较快的方向，从而保证以最快的方式下山。这在数学中就是对变量求偏导数的过程，特征的维度就是计算的方向，在实际计算中将对各特征量求偏导，以使损失函数尽快到达最低值。

下面的问题是下降"一步"究竟是"多远"？即如何确定损失函数的减少率？如果步幅太小，则效率低，如图 7-71 所示。

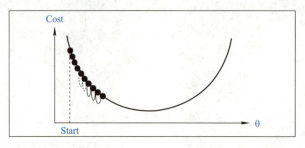

图 7-71 过小的学习率

步幅太大了，有可能总是错过最低点，甚至在最低点周围"振动"，如图 7-72 所示，专业术语称之为"不能收敛"。

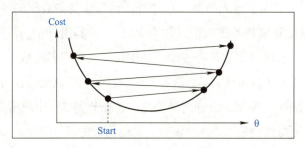

图 7-72 过大的学习率

所以寻找合适的调节幅度也是非常重要的，这个幅度称为"学习率"，它是训练网络时一个重要的参数，由于它不属于神经网络中的参数，故被称为超参数。"karas_fish_loaddata.py"案例代码中的第 34 行 sgd=SGD(lr=0.002) 中，"lr"参数就设置了这个学习率。

优化的策略也比较重要，同样使用数据参与优化计算，是使用全部批量的数据（Batch Gradient Descent，BGD）即所有样本参与计算，还是随机选取数据参与计算（Stochastic Gradient Descent，SGD），或者优化时只选取小批量数据（Mini-Batch Gradient Descent，MBGD）呢？

BGD 策略在每个系数的优化过程中都使用所有特征值，这样使损失函数可以得到最稳定的收敛，但是计算量比较大，因此训练耗时较大。SGD 每次更新权值系数时只取随机样本点，这样计算速度大大加快，但是收敛性能不佳。MBGD 综合以上两种策略，在计算量和收敛性两者之间取得平衡。"karas_fish_loaddata.py"案例由于应用简单，程序第 34 行使用了 SGD 作为优化策略（sgd=SGD(lr=0.002)）。

项\目\小\结

本项目介绍了神经网络算法，神经网络进行的基本运算是已熟悉的矩阵计算，但是可以使用多种不同的激活形式完成线性或非线性任务。

训练神经网络需要大量的数据，数据集的标记选择十分重要的因素，其对于构建神经网络也十分重要，本项目使用的"标的物"比较直白，在实际应用中，某元素在上下文的分布概率等都可以作为训练的标的物。

为了训练神经网络，需要建立损失函数，训练即找出使损失函数获得最小值的权重（参数）矩阵，为此使用了梯度下降法进行优化工作。所谓梯度下降其实就是求函数每个自变量的斜率，看降低哪个自变量能使损失函数在本次变化中获得更低的函数值。

熟悉了神经网络的原理和训练细节后，可以发现无论想实现什么目标，神经网络的大体结构是相似的，而在训练的细节和超参数的选择方面各不相同。

拓\展\练\习

1．运行辨认手写数字程序"keras-minist"程序，添加 1 或 2 层隐藏层，并观察准确率结果是否提高。

2．更换辨认手写数字程序"keras-minist"的优化器策略以及学习率，观察训练时间的变化。

3．简述 SGD、BGD、MBGD 的不同。

4．简述神经网络的训练过程。

Project 8

项目8
卷积网络深度学习

项目导入

人工智能已被广泛应用于自然语言辨析、语音识别、图像识别和分类等领域，深层（深度）神经网络在处理这些问题时获得了较为满意的结果，利用全连接神经网络组成深层网络是不现实的，因为全连接网络存在计算量激增的缺陷，例如，针对分辨率为1024×1024px的图像，根据全连接神经网络的原理，对这个图像建立一个连接层，就需要1024×1024大小的权值矩阵，也就是说在一层连接中就要反复调整2^{20}个参数，可以想象深层网络中计算量的增长。因此，需要一种算法从而尽可能减少计算量，这时使用能够共享权值的卷积神经网络（Convolutional Neural Networks，CNN）。

学习目标

1. 掌握卷积神经网络的原理
2. 了解卷积网络的相关概念
3. 能够应用卷积构造特征辨认图像
4. 能够应用卷积网络识别手写数字

素质目标

培养学生的工匠精神，追求卓越精益求精：敬业、精益、专注、创新。在程序编写调试测试中，一丝不苟，认真细致完成每个小任务，不仅要程序能够正确执行，还要多角度考虑设计方案、运行效率、实现结果的最优化，追求卓越、精益求精的工匠精神。

思维导图

本项目思维导图如图8-1所示。

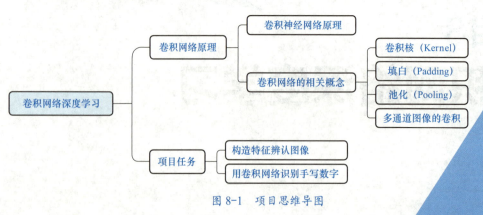

图8-1　项目思维导图

知识准备

扫码看视频　　扫码看视频

1. 卷积网络原理

有这样一张 10×10 的图（见图 8-2）：

要求找到黑白两色中间的边界，对于人来说，一眼就能找出边界线，但对于只知道 0 和 1 的计算机来说不是那么容易的。

那让计算机怎样轻松就能找出边界呢?

把上面的图用 numpy 导入后，变成了一组数组，如图 8-3 所示。

图 8-2　黑白图片

0	0	0	0	0	1	1	1	1	1
0	0	0	0	0	1	1	1	1	1
0	0	0	0	0	1	1	1	1	1
0	0	0	0	0	1	1	1	1	1
0	0	0	0	0	1	1	1	1	1
0	0	0	0	0	1	1	1	1	1
0	0	0	0	0	1	1	1	1	1
0	0	0	0	0	1	1	1	1	1
0	0	0	0	0	1	1	1	1	1
0	0	0	0	0	1	1	1	1	1

图 8-3　图片数据

要让计算机找出边界，首先设计一个滤波器（Filter），滤波器的大小是 3×3，滤波器的内容如图 8-4 所示。

-1	0	1
-1	0	1
-1	0	1

图 8-4　滤波器

把这个滤波器覆盖到原图片上进行计算。步骤如下：

1）把滤波器覆盖到原图左上角，然后把这个滤波器和被覆盖区域的两个矩阵进行 3×3 矩阵相乘求和：1×0+0×0+1×0+（−1）×0+0×0+1×0+（−1）×0+0×0+1×0=0。

2）把滤波器往右移一格，再进行矩阵相乘求和，结果和步骤 1）一样；再往右一格矩阵相乘求和，还和步骤 1）一样；

3）再把滤波器往右移一格，矩阵相乘求和，1×0+0×0+1×1+（−1）×0+0×0+1×1+（−1）×0+0×0+1×1=3，然后右移一格，结果也是 3，再往后移动一格，结果又为 0。

4）移动滤波器到最后三格计算后，把滤波器往下移动一格，从最左边开始依次计算矩阵相乘求和，直到把原图所有区域都覆盖计算一遍。

通过上述步骤计算，得到一个新的矩阵，新矩阵如图 8-5 所示。

计算机从新的矩阵就能找出边界线了，上面的过程就是卷积过程。

上述计算过程中引入了一个概念，就是步长。步长是指滤波器每次移动的长度。在前面的计算过程中，滤波器每次移动都是 1 格，所以步长为 1。原图是 10×10 的矩阵，使用 3×3 的滤波器，步长为 1 时，最后得到的特征矩阵是一个 8×8 的矩阵，那如果是 3×3 的滤波器，步长变为 2 时，特征矩阵的大小是多少呢？

从上面这个例子中，可以发现，通过设计特定的滤波器，让它跟原图片去做卷积，就可以识别出图片中的某些特征，如上例中的垂直边界。

如果要找水平边界，只要把图 8-4 中的滤波器旋转 90°，得到一个新的滤波器，利用它就可以找到水平边界。同样，要检测图片的其他特征时，总是能找到对应的滤波器。

一幅图中的特征有各种各样，如何找出能够识别这种特征的滤波器呢？如图 8-6 中的花。

图 8-5　新矩阵　　　　　　　　　图 8-6　花

需要找出花的特征，能够识别这种花，但特征可能有成千上万种，用人工去确定这些特征是不可能做到的。

学习过神经网络后应该知道，滤波器不用人工去指定。滤波器中的各个数字就是参数，可以用大量的数据去学习，让计算机自己去找出这些参数，组成合适的滤波器，这就是卷积网络 CNN 的原理。

2．卷积网络的相关概念

在前面学习的边界问题里，涉及了卷积网络的两个重要参数：一个是滤波器，另一个是步长（Strides）。

（1）卷积核（Kernel）

滤波器就是卷积网络的卷积核，它主要由两部分组成，一个是卷积核的大小，例如，知识准备 1 里的卷积核是 3×3 大小，另一个就是卷积核的数量，可以通过多个卷积核来确定不同的特征。卷积核内的数据不用人工指定，可以通过卷积网络学习得到。

步长就是卷积核每次移动的步数。假设卷积核是 3×3，步长是 1，原图是 10×10，最后得到的特征图就是 8×8。如果步长设置为 2 时，最后得到的特征图就是 4×4，由于不能整除，所以最后得到特征图的大小要向下取整。

前面的单个卷积核取得了垂直边界，如果需要找的特征比较多，可以设置多个卷积核来计算。例如，设置 filters=3，kernel_size=(3,3)，设置 3 个 3×3 的卷积核，通过计算后，能得到 3 幅不同的特征图片。

（2）填白（Padding）

从上面可以发现两个问题：第一，每进行一次卷积，图像都会缩小，原来是 10×10，卷积一次后变成 8×8，进行多次卷积后，图像消失。第二，各个区域卷积运算不平衡，如图 8-7 所示。

例如，四个角只参加了 1 次卷积运算，边上其他地方参加了 3 次运算，图中间部分最多区域有参加 9 次运算的。

为了解决上述两个问题，卷积网络里引入了填白的概念，填白分成两种模式：Same 模式和 Vaild 模式。

Same 模式，表示卷积运算后，图形大小不变。10×10 的原图，卷积核是 3×3，步长是 1，要求卷积后得到的图形大小还是 10×10。那么在卷积前，先把原图扩充一下，把周边填白一圈，变成 12×12 的图形，那通过卷积后得到的图形就还是 10×10 的，如图 8-8 所示。

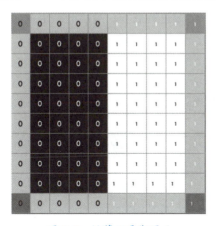

图 8-7 运算不平衡图示

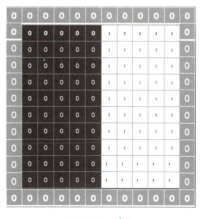

图 8-8 填白

Vaild 模式，原来没有进行填白就进行卷积的，叫作 Vaild 模式。

（3）池化（Pooling）

通过卷积后得到一个特征矩阵，有可能里面的特征过多，计算量增加，而且会导致模型的过拟合。为了防止过拟合，降低计算量，引入另一个概念：池化。

池化是提取一定区域的主要特征，放弃次要特征，减少了参数数量，从而防止模型过拟合。在池化前，首先要定义一个池化窗口大小，这里定义为 2×2。有两种常用的池化方法：

1）Maxpooling。把池化窗口覆盖到卷积所得的特征图像上，获取该窗口的最大值，记录到一个新的矩阵内。步骤和前面进行卷积得到特征图像的过程类似，这里不用其他计算，只找池化窗口覆盖区域内的最大值即可,过程如图 8-9 所示。

2) Averagepooling。过程和 Maxpooling 一样,但是覆盖后不是取窗口内的最大值,而是取窗口内所有数据的平均值。

(4) 多通道图像的卷积

前面处理的边界问题是二维的黑白图像,那如果是彩色图像怎么办?

彩色图像是三维的,分别是长、宽和通道,对于一张 10×10 的 RGB 图像,它的维度就是(10,10,3)。

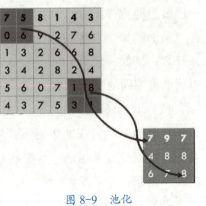

图 8-9 池化

要对彩色图像进行卷积,那卷积核也要是三维的,通道数要和原图一样。比如对于 10×10×3 的彩色图片进行卷积,那么卷积核可以设置为 3×3×3。

对于一个 10×10 的二维图像,卷积核大小为 3×3,步长为 1,那么每次卷积是 9 个乘积的和,最后得到一个 8×8 的特征图。

对于一个 10×10×3 的三维彩色图像,卷积核大小为 3×3×3,步长也为 1,那么每次卷积是 27 个乘积的和,最后也得到一个 8×8 的特征图。

采用 4 个(3,3,3)卷积核来对(10,10,3)的图像进行卷积,最后的结果就如图 8-10 所示。

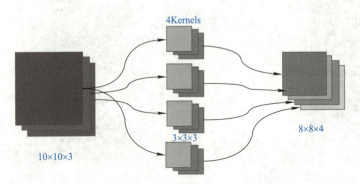

图 8-10 多通道图像的卷积(见彩页)

每个卷积核产生一个 8×8 的矩阵,由于是 4 个卷积核,所以产生了一个 8×8×4 的矩阵。

工程准备

1. 应用方法:卷积网络

卷积神经网络是一类包含卷积计算且具有深度结构的前馈神经网络(Feedforward Neural Network),是深度学习(Deep Learning)的代表算法之一。卷积神经网络具有表征学习(Representation Learning)能力,能够按其阶层结构对输入信息进行平移不变分类(Shift-Invariant Classification),因此也被称为平移不变人工神经网络(Shift-Invariant

Artificial Neural Network，SIANN）。

对卷积神经网络的研究始于 20 世纪 80 至 90 年代，时间延迟网络和 LeNet-5 是最早出现的卷积神经网络。在 21 世纪后，随着深度学习理论的提出和数值计算设备的改进，卷积神经网络得到了快速发展，并被应用于计算机视觉、自然语言处理等领域。

卷积神经网络仿造生物的视知觉（Visual Perception）机制构建，可以进行监督学习和非监督学习，其隐含层内的卷积核参数共享和层间连接的稀疏性使得卷积神经网络能够以较小的计算量对格点化（Grid-Like Topology）特征（如像素和音频）进行学习、有稳定的效果且对数据没有额外的特征工程（Feature Engineering）要求。

卷积神经网络的发展历史

对卷积神经网络的研究可追溯至日本学者福岛邦彦（Kunihiko Fukushima）提出的新认知机（neocognitron）模型。在其 1979 和 1980 年发表的论文中，福岛仿造生物的视觉皮层（Visual Cortex）设计了以 "neocognitron" 命名的神经网络。neocognitron 是一个具有深度结构的神经网络，并且是最早被提出的深度学习算法之一，其隐含层由 S 层（Simple-Layer）和 C 层（Complex-Layer）交替构成。其中 S 层单元在感受野（Receptive Field）内对图像特征进行提取，C 层单元接收和响应不同感受野返回的相同特征。neocognitron 的 S 层 –C 层组合能够进行特征提取和筛选，部分实现了卷积神经网络中卷积层（Convolution Layer）和池化层（Pooling Layer）的功能，被认为是启发了卷积神经网络的开创性研究。

第一个卷积神经网络是 1987 年由 Alexander Waibel 等提出的时间延迟网络（Time Delay Neural Network，TDNN）。TDNN 是一个应用于语音识别问题的卷积神经网络，使用 FFT 预处理的语音信号作为输入，其隐含层由 2 个一维卷积核组成，以提取频率域上的平移不变特征。由于在 TDNN 出现之前，人工智能领域在反向传播算法（Back-Propagation，BP）的研究中取得了突破性进展，因此 TDNN 得以使用 BP 框架进行学习。在比较试验中，TDNN 的表现超过了同等条件下的隐马尔可夫模型（Hidden Markov Model，HMM），而后者是 20 世纪 80 年代语音识别的主流算法。

1988 年，Wei Zhang 提出了第一个二维卷积神经网络：平移不变人工神经网络（SIANN），并将其应用于检测医学影像。独立于 Zhang (1988)，Yann LeCun 在 1989 年同样构建了应用于计算机视觉问题的卷积神经网络，即 LeNet 的最初版本。LeNet 包含 2 个卷积层、2 个全连接层，共计 6 万个学习参数，规模远超 TDNN 和 SIANN，且在结构上与现代的卷积神经网络十分接近。LeCun 对权重进行随机初始化后使用了随机梯度下降（Stochastic Gradient Descent，SGD）进行学习，这一策略被其后的深度学习研究所保留。此外，LeCun 在论述其网络结构时首次使用了 "卷积" 一词，"卷积神经网络" 也因此得名。

LeCun 的工作在 1993 年由贝尔实验室（AT&T Bell Laboratories）完成代码开发并被部署于国家金融收纳公司（National Cash Register Company）的支票读取系统。但总体而言，由于数值计算能力有限、学习样本不足，加上同一时期以支持向量机（Support Vector Machine，SVM）为代表的核学习（Kernel Learning）方法的兴起，这一时期为各类图像处理问题设计的卷积神经网络停留在了研究阶段，应用端的推广较少。

在 LeNet 的基础上，1998 年 Yann LeCun 及其合作者构建了更加完备的卷积神经网络 LeNet-5 并在手写数字的识别问题中取得成功。LeNet-5 沿用了 LeCun 的学习策略并在原有设计中加入了池化层对输入特征进行筛选。LeNet-5 及其后产生的变体定义了现代卷积神经网络的基本结构，其构筑中交替出现的卷积层-池化层被认为能够提取输入图像的平移不变特征。LeNet-5 的成功使卷积神经网络的应用得到关注。微软在 2003 年使用卷积神经网络开发了光学字符识别（Optical Character Recognition，OCR）系统。其他基于卷积神经网络的应用研究也得到展开，包括人像识别、手势识别等。

在 2006 年深度学习理论被提出后，卷积神经网络的表征学习能力得到了关注，并随着数值计算设备的更新得到发展。自 2012 年的 AlexNet 开始，得到 GPU 计算集群支持的复杂卷积神经网络多次成为 ImageNet 大规模视觉识别竞赛（ImageNet Large Scale Visual Recognition Challenge，ILSVRC）的优胜算法，包括 2013 年的 ZFNet、2014 年的 VGGNet、GoogLeNet 和 2015 年的 ResNet。

2．使用工具：包含 numpy、Tensorflow、Kereas 的编程模块

卷积神经网络应用模块包括：

（1）numpy

（2）Tensorflow

（3）Kereas

扫码看视频

任务 1　构造特征辨认图像

图像的卷积运算结果被称为特征映射（Feature Maps），所谓特征映射可以理解为针对某些特征的特定组合。无论怎样的图像，总有一些"特征"，如边缘的形态、轮廓、灰度、颜色、图像特异位置的距离等，如图 8-11 所示。由于卷积运算的特点，这些图像的特征可以被卷积核（也称为滤波器）构造成特征映射。

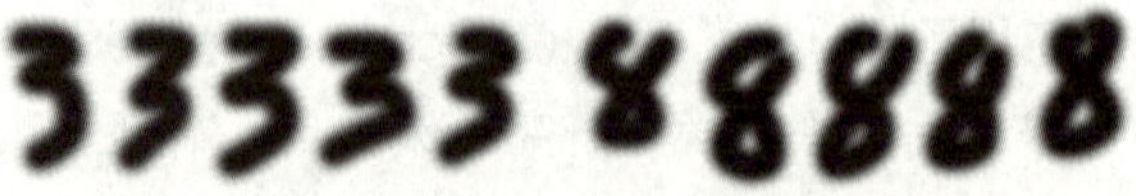

图 8-11　图像的不同特征

项目 8
卷积网络深度学习

如果考虑辨识数字 3 和 8，从图像结构考虑，数字 3 的轮廓是中断的，而数字 8 的轮廓是连续的。那么直观地考虑下，若有图 8-12 所示的两个卷积核，针对图 8-11 所示的数字 3 和 8 的二值图像在矩阵上做卷积运算，由于"先乘后加"的运算规则，就会对某些位置的"连续"以及"不连续"得到不一样的特征映射。之后再用项目 7 讲过的神经网络分辨这两类"特征映射"，就可以利用特征映射完成分类。

图 8-12　利用不同卷积核对特征"放大"

总结利用卷积网络进行图像识别的一般结构如图 8-13 所示。首先针对输入图像，在每个层级优化多个卷积核，得出该层级一组特征映射 1，之后再针对特征映射 1 优化卷积核得到特征映射 2，如此往复，在特征映射 i 的后面将卷积网络转换成全连接后再连接 softmax 等分类器，形成卷积识别网络。

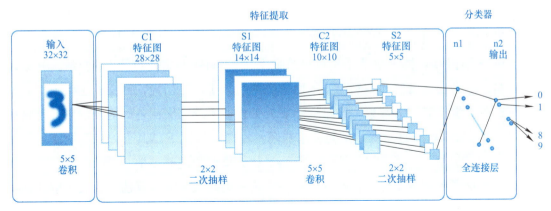

图 8-13　卷积网络的一般结构

图像识别需要较大的冗余性，例如，在图 8-11 中数字 3 和 8 有各种不同的形态，对算法而言针对不同形态都需要正确辨认，但是用于训练算法的数据并不能穷尽所有形态，另外针对图 8-14 所示的这种局部笔画缺失的情况，训练过程中也不能完全穷尽。这时就容易产生"过拟合"错误，在卷积网络中降低过拟合的优先措施有 Pooling 和 Dropout，这两个措施的基本原理都是减低特征的特异性。

对 Pooling 而言，就是按照卷积计算的方式在特征映射矩阵上，利用区域的"平均值"或"极值"填充该区域。常用的池化方法包括 Averagepooling（平均池化）和 Maxpooling（极大值

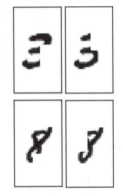

图 8-14　局部笔画缺失情况

池化）。

而 dropout 的方法则是将已经形成的特征映射随机指定一定比例丢弃。虽然丢弃了一定比例的特征，但丢弃已有特征映射再训练，相当于增加了"样本种类"，有助于降低过拟合风险。图 8-15 所示是加入池化和 Dropout 环节的多层卷积网络拓扑。

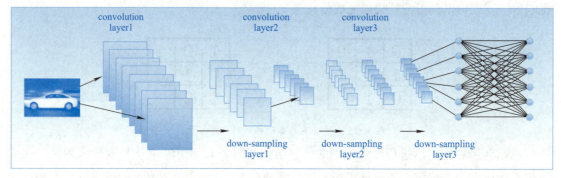

图 8-15　加入池化和 Dropout 环节的多层卷积网络拓扑

卷积网络在图像分类和辨识方面，识别正确率已经超过人类，但是其原理一直是人们关心的问题。因为从卷积网络的训练方面考虑，卷积网络和神经网络一样，都是通过已经标定的数据优化权值矩阵的算法，这类算法是个"黑箱"，并没有明确的原理，黑箱算法会带来一定的不确定性，比如考虑以下应用。

假设一个环保组织需要在人们所拍摄的照片中分辨并统计雪豹和猎豹的数量。图 8-16 分别是自然生态中的雪豹和猎豹。一般而言雪豹生活于高原山地，而猎豹生活于草原丛林，那么可以做个有趣的想象，经过训练后人工智能系统到底从各种豹子的图片素材中学到了什么？AI 是真的分辨了雪豹和猎豹吗？在黑箱情况下，人工智能系统有可能并没有按要求"学习"，甚至错误地学习分辨了丛林草地和高原山地。其实这种"乌龙"事件在真实世界中已经发生过，所以应用"黑箱"类的人工智能算法在数据选取和训练监督方面要更加慎重。

图 8-16　自然生态中的雪豹和猎豹

为了揭示卷积网络的原理，人们做了很多工作，其中"特征可视化"解释了卷积网络的一般规律，并在提高训练效率、判断算法正确性方面起到了重要的作用。

"特征可视化"顾名思义就是想看看卷积核到底找到了什么特征?"逆卷积网络"是应用比较广泛的"特征可视化"方法,其流程如下(见图 8-17):

1)修改传统的池化方法,以 Maxpooling 为例,在池化的同时,记录最大值的位置。

2)选取卷积运算后的一个特征映射,同时忽略同层其他卷积核所得到的特征映射。

3)利用步骤 1)的记录完成逆池化过程,即将所记录的最大值位置上的值保留,其他位置全部置 0。

4)用 relu 规则处理步骤 3)的结果,并利用转置的卷积核(矩阵转置)做卷积运算。从而获得特征矩阵。为了更好地可视化并找到"关键的特征",会利用最大激活的 N 个特征拼接"特征图像"。

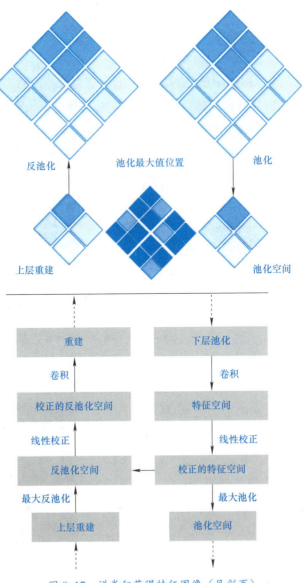

图 8-17 逆卷积获得特征图像(见彩页)

特征可视化之后的结果如图 8-18 所示,方框标记的是原始图像,右上角 8 行 8 列的图像是特征可视化的结果,原始图像的不同位置可以看作不同特征的线性组合。

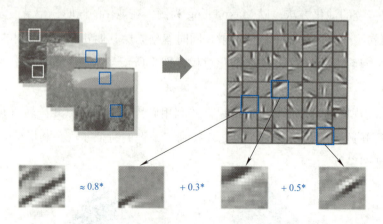

图 8-18 图像和特征可视化后的图像

大量研究表明,在卷积网络中低层网络通常形成对边缘、轮廓、颜色这类基本特征的映射,而高层网络会形成对目标形态、外观等整体的特征映射,如图 8-19 所示。

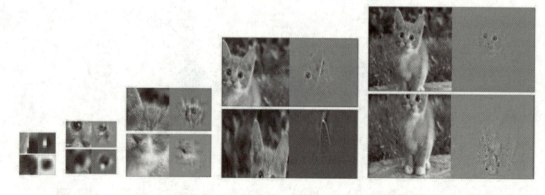

图 8-19 猫的 5 个层次的卷积可视化

图中包含了一个分辨猫的卷积网络的 5 个卷积层,用 CL1～CL5 表示。在每一层中,随机选择特征可视化图像与原始图像中相应的局部区域进行比较。从中可以看出,每一层中的不同特征负责不同的识别内容,低层(CL1,CL2)捕捉小边缘、角落和部件。CL3 具有更复杂的不变性,可捕捉纹理等类似的网格模式。较高层(CL4,CL5)更具有类别性,可以显示出整体外貌。

在提高卷积网络效率方面,特征可视化也会发挥作用,例如,观察图 8-20 中的特征可视化结果,可以发现其中的方框部分只有均匀的灰色,并没有产生有用的特征,那么该部分对应的权值矩阵就应该是可以

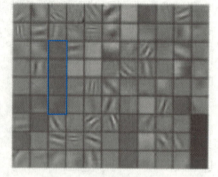

图 8-20 不活跃的特征

优化或去除的部分。这样就可以有针对性地优化卷积网络了。

扫码看视频

任务 2　用卷积网络识别手写数字

1．准备工作—模块引用

```
1    import numpy as np
2    import time
3    from keras.datasets import mnist
4    from keras.utils import np_utils
5    from keras.models import Sequential
6    from keras.layers import Dense, Activation, Convolution2D, MaxPooling2D, Flatten
7    from keras.optimizers import Adam
```

2．准备工作—数据导入

```
1    np.random.seed(int(time.time()))
2    # 下载 mnist 数据集 to the path '~/.keras/datasets/'
3    # 加载数据
4    (X_train, y_train), (X_test, y_test) = mnist.load_data()
5    X_train = X_train.reshape(-1, 28, 28,1)/255.
6    X_test = X_test.reshape(-1,28, 28,1)/255.
7    y_train = np_utils.to_categorical(y_train, num_classes=10)
8    y_test = np_utils.to_categorical(y_test, num_classes=10)
```

通过 mnist.load_data() 把手写数字图片下载导入，再通过 X_train.reshape(-1, 28, 28,1)/255.，把数据进行归一化操作，通过 y_train = np_utils.to_categorical(y_train, num_classes=10) 把标签进行独热码处理。

数据训练集和测试集至此准备完毕，可以进行模型建立了。

3．模型建立

Sequential 模型就是多个网络层的线性堆叠。建立模型有两种方式，一种是向 layer 中添加 list，另一种是通过 add() 的方式一层层添加。

```
1    # 顺序模型，除此之外还有任意模型，支持有向环等非顺序拓扑
2    model = Sequential()
3    # 第 1 卷积层 output shape ( 28, 28,32) 为 32 个卷积核，same 方式，由于使用 tensorflow backend 所以 dataformat 都为 channels last
4    model.add (Convolution2D(
5        batch_input_shape=(None,28, 28,1),
6        filters=32,          # 卷积核数量
7        kernel_size=5,       # 卷积核大小
8        strides=1,           # 移动步长
```

```
9          padding='same',      # Padding method
10         data_format='channels_last',))
11    #relu 激活
12    model.add(Activation('relu'))
```

先建立一个顺序模型，往模型内添加一个二维卷积层 Convolution2D，即对图像的空域卷积。该层对二维输入进行滑动窗卷积，当使用该层作为第一层时，应提供 input_shape 参数，卷积核数量为 32 个，卷积核的大小为 5×5，步长为 1，填白为 same 模式，数据格式为最后一维度为通道。

```
1     # 池化 max 输出的大小 (14, 14,32)
2     model.add(MaxPooling2D(
3         pool_size=2,
4         strides=2,
5         padding='same',      # Padding method
6         data_format='channels_last',))
```

以上代码表达了在 2×2 的区域中以 max 方式池化，并且以间隔 2 的路径移动，所以即使 Padding 为"same"，也依旧缩小了数据帧的规模。由此可知，本次池化的输出宽度为 14。

```
1     # 由于上一层池化输出宽度是 14，所以本卷积层的输入也将是 (14, 14)，本次使用 64 个滤波器
2     model.add(Convolution2D(64, 7, strides=1, padding='same', data_format='channels_last'))
3     model.add(Activation('relu'))
4     # 第二层卷积的池化
5     model.add(MaxPooling2D(2, 2, 'same', data_format='channels_last'))
```

再进行一次卷积和池化。

```
1      #用于全集展开的全连接层
2     model.add(Flatten())
3     model.add(Dense(256))
4     model.add(Activation('relu'))
5
6     # 第 2 个全连接层使用 softmax 激活函数用于分类
7     model.add(Dense(10))
8     model.add(Activation('softmax'))
```

Flatten 层用来将输入"压平"，即把多维的输入一维化，常用在从卷积层到全连接层的过渡。Dense 是全连接层。

```
1     # 使用 adam optimizer
2     adam = Adam(lr=1e-4)
3     # 为网络配置优化器和损失函数所使用的目标函数，这里是交叉熵函数
4     model.compile(optimizer=adam,
5                   loss='categorical_crossentropy', metrics=['accuracy'])
```

定义优化器和损失函数,并对上面的模型进行编译。

编译 Keras 需要两个参数:损失函数和优化器。

损失函数:mean_squared_error、mean_absolute_error、logcosh、mean_absolute_percentage_error、mean_squared_logarithmic_error、squared_hinge、hinge、categorical_hinge、categorical_crossentropy、sparse_categorical_crossentropy、binary_crossentropy、kullback_leibler_divergence、poisson、cosine_proximity。

优化器:Adam、SGD、RMSprop、Adagrad、Adadelta、Adamax、Nadam。

优化器的作用:用来更新和计算影响模型训练和模型输出的网络参数,使其逼近或达到最优值,从而最小化(或最大化)损失函数。

4. 模型训练和测试

```
1    print('Training ------------')
2    model.fit(X_train, y_train, epochs=2, batch_size=64,verbose=1)
3
4    print('\nTesting ------------')
5    loss, accuracy = model.evaluate(X_test, y_test)
6    print('test loss: ', loss)
7    print('test accuracy: ', accuracy)
```

fit() 参数:

● 训练数据 X,训练标签 y。

● epochs:迭代次数。

● batch_size:每次梯度更新的样本数,未指定,默认为 32。

● verbose:日志展示,0 为不在标准输出流输出日志信息;1 为显示进度条;2 为每个 epoch 输出一行记录。

训练和测试的结果:

```
Training ------------
Epoch 1/2
60000/60000 [==============================] - 102s 2ms/step - loss: 0.3318 - accuracy: 0.9093
Epoch 2/2
60000/60000 [==============================] - 102s 2ms/step - loss: 0.0932 - accuracy: 0.9725

Testing ------------
10000/10000 [==============================] - 5s 491us/step
test loss:  0.06355609095785766
test accuracy:  0.9804999828338623
```

卷积网络在图像识别方面的性能不断提高,除了图像分类之外,在人脸识别、动作识别等方面都有比较成熟的应用,可以尝试利用已有的程序接口完成一个手势识别应用。但是可以看见除了数据准备过程和图像尺寸所导致的矩阵尺寸不同，在模型的整体架构上并没有原理的不同。

项\目\小\结

本项目介绍了卷积网络在图像识别上的应用，从二维图像的卷积延伸至三维以上空间的卷积，卷积的基本方式都是卷积核与指定区域做对应的乘积求和运算，然后按指定方式移动完成整个区域的运算，为了避免过拟合，通常会利用保留最大值或取平均值的方式进行"池化"运算。在若干卷积层后面总利用全连接层将网络整理和恢复成普通神经网络，再利用 softmax 网络进行分类等工作。

卷积网络擅长抓取局部的特点，而且由于卷积核较小，所产生的优化计算量远远低于全连接网络，所以容易在多层网络中使用，易于搭建更深层次的网络，达到更高精度的应用。另外，在应用过程中，也新发展了很多策略，形成了许多有特色的网络应用，如 RNN、LSTM 等。当前这些网络的主要思想是在可接受的计算量条件下，形成更多层次的网络，因为当前的试验表明相同结点数的情况下，合理的多层级网络比每层节点数较多，而层级较少的网络表现好。但是各种网络的基本框架和训练模式都遵循相似的模式，只要科学大胆实践，总能得到较为满意的成效。

拓\展\练\习

1．简述卷积核的概念。

2．（单选）输入图片大小为 200×200px，依次经过一层卷积（kernel size 5×5，same padding，stride 2），Pooling（kernel size 3×3，valid padding，stride 1），又一层卷积（kernel size 3×3，same padding，stride 1）之后，输出特征图大小为（　　）。

  A．95   B．96   C．97   D．98

3．（单选）神经网络模型（Neural Network）因受人类大脑的启发而得名，神经网络由许多神经元（Neuron）组成，每个神经元接收一个输入，对输入进行处理后给出一个输出，请问下列关于神经元的描述中，（　　）是正确的。

  A．每个神经元可以有一个输入和一个输出

  B．每个神经元可以有多个输入和一个输出

  C．每个神经元可以有一个输入和多个输出

  D．每个神经元可以有多个输入和多个输出

  E．上述都正确

Project 9

项目9
基于Python数据分析进行职业规划

项目导入

学习感觉很迷茫，不知道该做什么、该学什么？在对今后的职业发展前途迷茫时，不妨对自己所学专业以后就职的职业进行数据分析，看看所学的专业在就职时最需要的经验和专业能力，能够根据分析出来的结果有针对性地加强自己各方面的能力。

现在网上有各种求职网站，可以通过这些网站，找出对应专业的招聘信息。通过分析这些信息，得到全国各大城市的招工需求信息、薪酬信息以及所需的专业知识和专业技能信息。

这里以物联网专业的招聘信息为例，在某求职网站上下载关于物联网的所有招聘信息，来进行分析。整个过程如下：

1. 爬取数据
2. 数据整理
3. 数据分析
4. 报表输出
5. 任职要求文字分析

扫码看视频　　扫码看视频

学习目标

1. 掌握爬取网络数据的方法
2. 能够对数据进行清洗和整理
3. 能够进行数据分析、报表输出
4. 能够生成词云图

素质目标

培养学生的创新精神，努力钻研迎接新挑战：现代人工智能科学领域技术较为复杂，实操性强，要努力创新，迎接新挑战。综合运用所学知识、技能和方法，提出新方法、新观点，改革、发明、创造，在自己的工作岗位上发光发亮，实现自我价值。有社会责任感，掌握核心技术，科技创新促国家发展。

思维导图

本项目思维导图如图9-1所示。

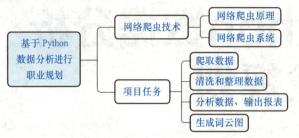

图9-1　项目思维导图

知识准备

网络爬虫技术原理

(1) 网络爬虫原理

Web 网络爬虫系统的功能是下载网页数据,为搜索引擎系统提供数据来源。很多大型的网络搜索引擎系统都被称为基于 Web 数据采集的搜索引擎系统,如 Baidu。由此可以得知 Web 网络爬虫系统在搜索引擎中的重要性。网页中除了包含供用户阅读的文字信息外,还包含一些超链接信息。Web 网络爬虫系统正是通过网页中的超链接信息不断获得网络上的其他网页。因为这种采集过程像一个爬虫或者蜘蛛在网络上漫游,所以它才被称为网络爬虫系统或者网络蜘蛛系统,在英文中称为 Spider 或者 Crawler。

(2) 网络爬虫系统的工作原理

在网络爬虫的系统框架中,主过程由控制器、解析器、资源库三个部分组成。控制器的主要工作是负责给多线程中的各个爬虫线程分配工作任务。解析器的主要工作是下载网页,进行页面的处理,主要是将一些 Java Script 脚本标签、CSS 代码内容、空格字符、HTML 标签等内容处理掉,爬虫的基本工作是由解析器完成。资源库是用来存放下载到的网页资源,一般都采用大型的数据库存储,如 Oracle 数据库,并对其建立索引。

Web 网络爬虫系统一般会选择一些比较重要的、出度(网页中链出超链接数)较大的网站的 URL 作为种子 URL 集合。网络爬虫系统以这些种子集合作为初始 URL,开始数据的抓取。因为网页中含有链接信息,通过已有网页的 URL 会得到一些新的 URL,可以把网页之间的指向结构视为一个森林,每个种子 URL 对应的网页是森林中的一棵树的根节点。这样,Web 网络爬虫系统就可以根据广度优先算法或者深度优先算法遍历所有的网页。由于深度优先搜索算法可能会使爬虫系统陷入一个网站内部,不利于搜索比较靠近网站首页的网页信息,因此一般采用广度优先搜索算法采集网页。Web 网络爬虫系统首先将种子 URL 放入下载队列,然后简单地从队首取出一个 URL,下载其对应的网页。得到网页的内容将其存储后,再经过解析网页中的链接信息得到一些新的 URL,将这些 URL 加入下载队列。然后取出一个 URL,对其对应的网页进行下载,再解析,如此反复进行,直到遍历了整个网络或者满足某种条件后才会停止下来。

工程准备

1. 应用方法:网络爬虫

网络爬虫(Web Crawler)是一种按照一定的规则,自动抓取网络信息的程序或者脚本,它们被广泛用于互联网搜索引擎或其他类似网站,可以自动采集所有其能够访问到的页面内容,以获取或更新这些网站的内容和检索方式。

从功能上来讲，爬虫一般分为数据采集、处理、储存三个部分。

传统爬虫从一个或若干初始网页的 URL 开始，获得初始网页上的 URL，在抓取网页的过程中，不断从当前页面上抽取新的 URL 放入队列，直到满足系统一定的停止条件。聚焦爬虫的工作流程较为复杂，需要根据一定的网页分析算法过滤与主题无关的链接，保留有用的链接并将其放入等待抓取的 URL 队列。然后，它将根据一定的搜索策略从队列中选择下一步要抓取的网页 URL，并重复上述过程，直到达到系统的某一条件时停止。另外，所有被爬虫抓取的网页将会被系统存储，进行一定的分析、过滤，并建立索引，以便之后的查询和检索。对于聚焦爬虫来说，这一过程所得到的分析结果还可能对以后的抓取过程给出反馈和指导。

网络爬虫的产生背景

随着网络的迅速发展，万维网成为大量信息的载体，如何有效地提取并利用这些信息成为一个巨大的挑战。搜索引擎（Search Engine）作为一个辅助人们检索信息的工具，成为用户访问万维网的入口和指南。但是这些通用性搜索引擎也存在着一定的局限性，例如：

1）不同领域、不同背景的用户往往具有不同的检索目的和需求，通过搜索引擎所返回的结果包含大量用户不关心的网页。

2）通用搜索引擎的目标是尽可能大的网络覆盖率，有限的搜索引擎服务器资源与无限的网络数据资源之间的矛盾将进一步加深。

3）万维网数据形式的丰富和网络技术的不断发展，图片、数据库、音频、视频多媒体等不同数据大量出现，通用搜索引擎往往对这些信息含量密集且具有一定结构的数据无能为力，不能很好地发现和获取。

4）通用搜索引擎大多提供基于关键字的检索，难以支持根据语义信息提出的查询。

为了解决上述问题，定向抓取相关网页资源的聚焦爬虫应运而生。聚焦爬虫是一个自动下载网页的程序，它根据既定的抓取目标，有选择地访问网页及其相关的链接，获取所需要的信息。与通用爬虫（General Purpose Web Crawler）不同，聚焦爬虫并不追求大的覆盖，而是将目标定为抓取与某一特定主题内容相关的网页，为面向主题的用户查询准备数据资源。

网络爬虫按照系统结构和实现技术，大致可以分为以下几种类型：通用网络爬虫（General Purpose Web Crawler）、聚焦网络爬虫（Focused Web Crawler）、增量式网络爬虫（Incremental Web Crawler）、深层网络爬虫（Deep Web Crawler）。实际的网络爬虫系统通常是几种爬虫技术相结合实现的。

2．**爬取网站数据工具：Urllib、Pandas、Numpy**

（1）Urllib 模块

Urllib 模块是一个高级的 Web 交流库，其核心功能就是模仿 Web 浏览器等客户端，去请求相应的资源，并返回一个类文件对象。Urllib 支持各种 Web 协议，例如 HTTP、FTP、Gopher，同时也支持对本地文件进行访问。但一般而言多用来进行爬虫的编写，而下面的内容也是围绕着如何使用 Urllib 库去编写简单的爬虫。另外，如果要爬取 Java Script 动态生成的东西，如 Java Script 动态加载的图片，还需要一些高级的技巧，这里的例子都是针对静态的 HTML 网页的。

（2）Pandas 模块

在前面的项目中已详细讲解，此处不再介绍。

（3）NumPy 模块

NumPy 是一个用 Python 实现的科学计算，包括：

1）一个强大的 N 维数组对象 Array。

2）比较成熟的（广播）函数库。

3）用于整合 C/C++ 和 Fortran 代码的工具包。

4）实用的线性代数、傅里叶变换和随机数生成函数。NumPy 和稀疏矩阵运算包 Scipy 配合使用更加方便。

NumPy（Numeric Python）提供了许多高级的数值编程工具，如矩阵数据类型、矢量处理以及精密的运算库，专为进行严格的数字处理而产生。多为大型金融公司以及核心的科学计算组织使用，如 Lawrence Livermore、NASA 用其处理一些本来使用 C++、Fortran 或 Matlab 等所做的任务。

NumPy 的前身为 Numeric，最早由 Jim Hugunin 与其他协作者共同开发。2005 年，Travis Oliphant 在 Numeric 中结合了另一个同性质的程序库 Numarray 的特色，并加入了其他扩展而开发了 NumPy。NumPy 为开放源代码并且由许多协作者共同维护开发。

任务 1　爬取数据

在 Python 中，可以用于爬取网站数据的模块 Urllib 的使用方法如下：

```
1    import urllib.request
2    url='http://www.sina.com.cn/'
3    page=urllib.request.urlopen(url)
4    html=page.read().decode(encoding='utf-8',errors='strict')
5    print (html)
```

通过上面几行语句，就能把新浪网的首页下载到本地一个 html 变量中，就可以对这个变量进行字符串操作，得到所需的信息。当然通过这种方法要获取数据，可以通过第三方模块 beautifulsoup、lxml、Xpath、Selenium、Scrapy 等来方便地获取数据。

要爬取网站上的所有物联网招工信息，首先在浏览器上打开一个求职招聘网页，在搜索框内搜索"物联网"，能得到图 9-2 所示的网页。

图 9-2　物联网搜索结果网页

通过查看网页源代码，分析得到所需工位的招聘信息包含在 <div class="dw_table"><div class=class="el"> 中，岗位名称在 <span class="t2"> 中，通过分析依次得到所需信息所在的 tag 标签中。开始编写爬虫：

```
1    #coding:utf-8
2    from  webreptile import Worm
3    import pandas as pd
4    import sys
5    import time
6    import urllib
7    start_time=time.time()
8    sp = Worm()
9    spider={}
10   search_job=' 物联网 '
11   spider['phantomjs']=False
12   spider['delimiter']=','
13   spider['thread']=True
14   spider['thread_block']=False
15   spider['fields']={'main_css':'//div[@class="dw_table"]/div[@class="el"]',
16                     'field_css':['.//span[@class="t2"]/a[@target="_blank"]/text()',
17                                  './/span[@class="t3"]/text()',
18                                  './/span[@class="t4"]/text()',
19                                  './/span[@class="t5"]/text()',
20                                  './/p[@class="t1 "]/span/a[@target="_blank"]/text()'],
21                     'href_css':'.//a/@href','only_href':True,
22                     'css':{'main_css':'//div[@class="bmsg job_msg inbox"]','field_css':['./text()']}}
23   fp=open(sys.argv[1],'a')
```

```
24      spider['file']=fp
25      str1=urllib.quote(search_job)
26      for i in range(1, 100):
27          url1 = 'http://search.51job.com/list/000000,000000,0000,00,9,99,'+str1+',2,'
28          url2 = '.html?lang=c&stype=1&postchannel=0000&workyear=99&cotype=99&degreefrom=99&jobterm=99&companysize=99&lonlat=0%2C0&radius=-1&ord_field=0&confirmdate=9&fromType=&dibiaoid=0&address=&line=&specialarea=00&from=&welfare='
29          url = url1 + str(i) + url2
30          spider['url']=url
31          b_c=sp.begin_spider(spider)
32      end_time=time.time()
33      print ('总耗时（秒）：'+`end_time-start_time`)
```

from webreptile import Worm 的 webreptile 爬虫可从本书配套资源中获取（编者自己编写的爬虫），需要传递进去的参数是一个字典，字典内容包括是否采用多线程 thread、是否利用无头浏览器 phantomjs、数据间隔 delimiter，还有需要爬取的各个字段 fields 的标签 Xpath 信息，以及爬取的网页地址 url。

爬取完成后，得到的数据如下：

网易集团，广州，1.5-2 万 / 月，03-05，资深嵌入式软件开发工程师（物联网开发方向）-网易严选，职位信息 Responsibility1．负责物联网产品相关嵌入式软件设计、开发、调试及维护；2．负责物联网产品的蓝牙、WiFi、ZigBee、NB-IoT 等模块的开发和维护工作……．

任务 2　清洗和整理数据

通过网络爬虫获得了需要的数据，这些数据不能直接进行数据分析，因为爬取的数据有的缺失，有的重复，有的不符合我们的要求。对这些数据进行分析前，要对数据进行清洗和整理，以符合分析所需。

1．数据清洗

```
1    import pandas as pd
2    import re
3    import jieba.analyse as analyse
4    import numpy as np
5    import time
6    filen1='wulianwang.csv'
7    df = pd.read_csv(filen1, delimiter=',',index_col=False, names=['company', 'area', 'pay', 'date', 'post', 'work','danwei'])
8    df = df.dropna()
9    df = df[df['pay'].str.contains('月')]
10   print(df)
```

用 pandas 的 read_csv 函数打开数据，用 names 参数指定各个字段的字段名称。用 dropna() 函数清除含有空数据的行。保证每行的数据都不会又缺失项。下载的数据里，在薪酬这一字段，极少数的单位有按天来计酬的，由于牵涉的数据很少，可以把这些单位的招聘信息放弃分析，这里利用了 df = df[df['**pay**'].str.contains(' 月 ')] 语句把报酬内所有不含有月报酬的招聘信息清除掉了。

清洗后的数据如图 9-3 所示。

```
        company      area        pay     date  \
0                     广州        1.5-2万/月   03-05
1      南京金...有限公司    南京-鼓楼区    0.4-1万/月   03-05
2      杭州...有限公司    杭州-西湖区    4-6千/月    03-05
3      南京雨...培训中心   南京-栖霞区   6-8千/月    03-05
4      重庆...有限公司    重庆-渝北区    3-5千/月    03-05
...                    ...         ...       ...
16172  天津荣联...有限公司  天津-北辰区    4-7千/月    01-26
16173  北京汉...限公司    异地招聘     1.5-2千/月  02-11
16175      ...公司      深圳-南山区   0.8-1.2万/月  01-23
16176  成都迅网电...公司   成都-高新区   0.8-1.2万/月  01-12
16177  重庆光...限公司    重庆-渝中区   0.7-1.5万/月  01-08

                                post
0   资深嵌入式软件开发工程师（物联网开发方向）-网易严选
1                        物联网工程师
2              ...-渠道运营（物联网方向）
3                     物联网方向讲师
4                   智能物联网产品专员
```

图 9-3 清洗后的数据

2．数据整理

要对岗位、地区、薪酬进行分析，先要对这几个字段进行整理。

首先对于岗位，主要问题就是英文大小写，例如，Python 工程师和 PYTHON 工程师，其实是同一个岗位，但是由于大小写的问题，变成了两个不同的岗位。

对于地区，由于爬取后的数据里，地区信息不但有城市信息，还有该城市的区域信息，如果对全国招聘信息进行分析时，就可以不考虑城市内的区域信息，只保留城市即可。

对于薪酬，从图 9-3 中可一看到 pay 字段，薪酬都是如"4-6 千 / 月"这样的。可以把薪酬分成两部分，最低和最高薪酬。这样就变成了两个字段 4000 和 6000。

程序如下：

```
1   def min_pay(x):
2       if '-' in x and ' 月 ' in x:
3           tmp = x.split('-')
4           if ' 千 ' in tmp[1]:
5               return float(tmp[0]) * 1000
6           else:
7               return float(tmp[0]) * 10000
8       else:
9           t = re.findall(r"\d+\.?\d*", x)
10          if ' 千 ' in x:
11              return float(t[0]) * 1000
12          else:
13              return float(t[0]) * 10000
```

```
14    def max_pay(x):
15        if '-' in x and ' 月 ' in x:
16            tmp = x.split('-')
17            t=re.findall(r"\d+\.?\d*", tmp[1])
18            if ' 千 ' in tmp[1]:
19                return float(t[0]) * 1000
20            else:
21                return float(t[0]) * 10000
22        else:
23            t = re.findall(r"\d+\.?\d*", x)
24            if ' 千 ' in x:
25                return float(t[0]) * 1000
26            else:
27                return float(t[0]) * 10000
28    def area(x):
29        if '-' in x:
30            tmp = x.split('-')
31            return tmp[0]
32        else:
33            return x
34
35    df['minpay'] = df['pay'].apply(lambda x: min_pay(x))
36    df['maxpay'] = df['pay'].apply(lambda x: max_pay(x))
37    df['area'] = df['area'].apply(lambda x: area(x))
38    df = df[df['maxpay'] > df['minpay']]
39    df['post'] = df['post'].str.upper()
40    print(df)
```

对薪酬和地区进行整理时，这里用 lambda 定义了函数，利用 min_pay 函数得到该岗位最低报酬，并建立一个新的字段 minpay；利用 max_pay 函数得到该岗位的最高报酬，并建立一个新的字段 maxpay；利用 area 函数把城市后面的地区信息删除，并送回 area 字段。对于岗位信息内的大小写问题，利用 df['post'] = df['post'].str.upper() 语句，把所有英文字母转换成大写送回 post 字段。

得到结果如图 9-4 所示。

```
                                                    danwei    minpay    maxpay
0      网易 （NASDAQ：NTES)是中国领先的互联网技术公司，在开发互联网应用、服务及其他技... 15000.0    2000
0.0
1      参与新项目的硬件需求分析和硬件方案设计；2、协助完成智能产品的硬件单板、逻辑电路的设计与开发...           400
0.0 10000.0
2      并在中国主要城市设立分支机构和研发中心，在美国、日本、新加坡和印度也都设有交付中心。博彦科技...           400
0.0 6000.0
3      中兴信雅达培训中心（中兴通讯学院全球客户培训中心）成立于2010年4月，是总部位于深圳大梅沙...          6000.0
8000.0
```

图 9-4 数据整理

由于数据比较大，这里只截取了后面增加的两个字段，从中可以看到薪酬已经分成了两个字段。下面的任务将对清洗后的数据进行分析。

任务 3 分析数据、输出报表

经过数据清洗和整理后,得到了比较规范的数据,可以对它进行分析。

1. 岗位招聘信息

先从简单的地方分析,统计各个岗位的招聘信息数量。

程序如下:

```
1   import matplotlib.pyplot as plt
2   import matplotlib.gridspec as gridspec
3   import matplotlib.pylab as pylab
4   df_w = df['post'].value_counts()
5   print(df_w)
6   plt.rcParams['font.family'] = ['SimHei']
7   figure1 = plt.figure(2, figsize=(8, 4))
8   df_w.head(20).plot(kind='bar', label=u' 工作岗位需求 ')
9   plt.legend()
10  plt.show()
```

利用 value_counts 根据岗位的值来累计数量,输出结果如图 9-5 所示。

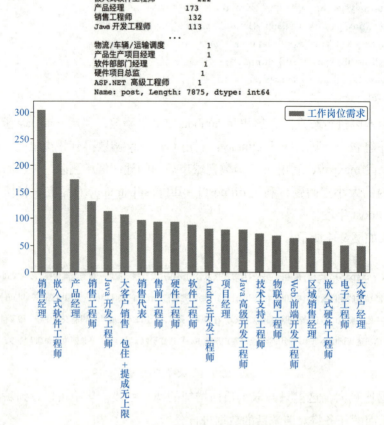

图 9-5 招聘岗位统计图

在这里只是简单地统计了发布招聘信息的各个岗位的次数,没有统计需求人数,如果需要统计人数,在爬取的时候加一个字段,然后从中用正则表达式即可得到需求人数,再进行统计即可。

2. 城市招聘信息

城市招聘信息和岗位招聘信息的统计方法一样,也是根据值累计次数。

```
1    df_a = df['area'].value_counts()
2    print(df_a.head(5))
3    figure1 = plt.figure(2, figsize=(8, 4))
4    df_a.head(20).plot(kind='bar', label=u'城市岗位需求')
5    plt.legend()
6    plt.show()
```

得到的结果如图 9-6 所示。

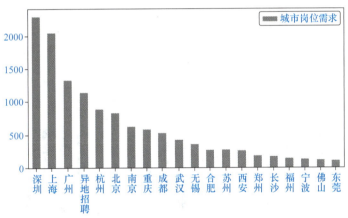

图 9-6 城市岗位统计图

3. 岗位薪酬统计

参加工作,岗位薪酬是一个着重要考虑的问题,在学习时可以根据报酬的多少、岗位需求人数等方面因素来由针对性地学习该岗位所需的知识。接下来统计各个岗位的最低薪酬和最高薪酬,程序如下:

```
1    pay_l = []
2    for i in range(0, len(df_w.index)):
3        pay_l.append([df_w.index[i], df[df['post'] == df_w.index[i]]['maxpay'].mean(),
4                      df[df['post'] == df_w.index[i]]['minpay'].mean()])
5
```

```
6     df_pay = pd.DataFrame(pay_l, columns=['post', 'max', 'min'])
7     df_pay = df_pay.set_index('post')
8     figure1 = plt.figure(2, figsize=(8, 6))
9     print (df_pay)
10    df_pay.head(20).plot(kind='bar', label=u'岗位薪酬 ')
11    plt.legend()
12    plt.show()
```

通过前面统计的岗位信息，在原表中根据各个岗位统计出该岗位最高平均薪酬和最低平均薪酬，逐个添加到一个 pay_l 列表中，然后用生成一个 DataFrame，用 df_pay.set_index('post') 设置根据岗位来索引。最后用 Matplotlib 画图输出。输出结果如图 9-7 所示。

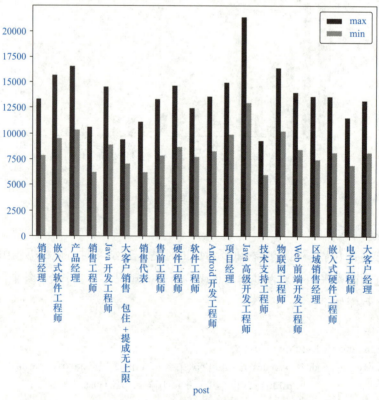

图 9-7 岗位报酬统计图

4．城市薪酬统计

也可以根据城市来统计各个城市的薪酬情况。统计的方法如岗位薪酬统计一样，程序如下：

```
1    pay_a = []
2    for i in range(0, len(df_a.index)):
3        pay_a.append([df_a.index[i], df[df['area'] == df_a.index[i]]['maxpay'].mean(),
4                     df[df['area'] == df_a.index[i]]['minpay'].mean()])
5    df_areapay = pd.DataFrame(pay_a, columns=['area', 'max', 'min'])
6    df_areapay = df_areapay.set_index('area')
7    print(df_areapay)
8    figure1 = plt.figure(2, figsize=(8, 6))
9    df_areapay.head(20).plot(kind='barh', label=u'城市薪酬')
10   plt.legend()
11   plt.show()
```

一样利用城市来统计薪酬，计算出每个城市的最高报酬和最低报酬的平均值。结果如图 9-8 和图 9-9 所示。

```
            max           min
area
深圳       16447.336245   10059.912664
上海       16003.810454   10112.750366
广州       13503.860712    8161.922786
异地招聘   14757.671958    9069.223986
杭州       15928.181818    9945.454545
...            ...            ...
[177 rows x 2 columns]
```

图 9-8　程序运行结果

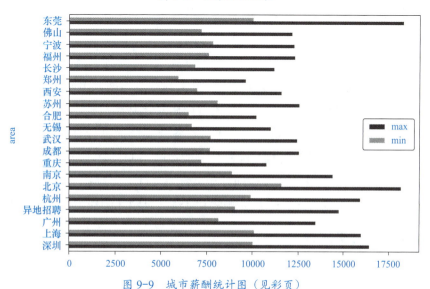

图 9-9　城市薪酬统计图（见彩页）

任务 4 生成词云图

先来看一段岗位需求：

> 1．负责物联网产品相关嵌入式软件设计、开发、调试及维护。
> 2．负责物联网产品的蓝牙、WiFi、ZigBee、NB-IoT 等模块的开发和维护工作。
> 3．编写相关软件设计文档及其他技术文档；Requirements
> 1．计算机、通信或相关专业本科及以上学历，五年以上相关行业工作经验；
> 2．精通嵌入式 C/C++ 编程，熟悉多线程编程、进程和线程通信等；熟练使用 Lua、Python 等；具备良好的编码习惯；
> 3．熟悉单片机、ARM 架构处理器，具备 OS（FreeRTOS、嵌入式 Linux 等）开发经验，熟练使用 Keil/IAR 等开发环境；
> 4．熟悉 TCP/IP 网络协议栈，熟悉 802.11 协议，有 BR/EDR、BLE、ZigBee 等开发经验；有 MQTT、COAP 开发经验优先；
> 5．熟悉 UART、SPI、I2C、FLASH 等基本外围驱动的开发；
> 6．工作踏实勤奋，责任心强，有较强的沟通能力及合作意识。

从前面这段岗位需求中，要提取出所需的关键字，以有针对性地增强自身职业所需的技能。可以用 jieba 分词和关键词提取功能来实现以上的功能。

关键词抽取就是从文本里面把跟这篇文档意义最相关的一些词抽取出来。关键词在文本聚类、分类、自动摘要等领域中都发挥着重要作用。关键词抽取从方法来说大致有两种：第一种是关键词分配，先有一个给定的关键词库，新来一篇文档，从词库里面找出几个词语作为这篇文档的关键词；第二种是关键词抽取，新来一篇文档，从文档中抽取一些词语作为这篇文档的关键词。随着技术的发展，现在大多数领域都采用了关键词抽取的方法。

关键词抽取算法主要有两类：一是有监督学习算法；二是无监督学习算法。

有监督学习算法将关键词抽取过程视为二分类问题，先抽取出候选词，然后对于每个候选词划定标签，分为是或不是，然后训练关键词抽取分类器。

无监督学习算法，先抽取出候选词，随后对各个候选词进行打分，然后输出 topK 个分值最高的候选词作为关键词。根据 topK 打分的策略不同，有不同的算法，如 TF-IDF，TextRank 等算法。jieba 分词中采用了这两种无监督学习算法。

先来看一下 jieba 分词的这两种无监督学习算法，对刚才的岗位需求提取关键字：

1．TF-IDF 算法提取关键字

程序如下：

```
1    from jieba import analyse
```

项目 9
基于Python数据分析进行职业规划

```
2
3    # 引入 TF-IDF
4    tfidf = analyse.extract_tags
5    text = "1．负责物联网产品相关嵌入式软件设计、开发、调试及维护；\
6    2．负责物联网产品的蓝牙、WiFi、ZigBee、NB-IoT 等模块的开发和维护工作；\
7    3．编写相关软件设计文档及其他技术文档；Requirements\
8    1．计算机、通信或相关专业本科及以上学历，五年以上相关行业工作经验；\
9    2．精通嵌入式 C/C++ 编程，熟悉多线程编程、进程和线程通信等；熟练使用 Lua、Python 等；具备良好的编码习惯；\
10   3．熟悉单片机、ARM 架构处理器，具备 OS（FreeRTOS、嵌入式 Linux 等）开发经验，熟练使用 Keil/IAR 等开发环境；\
11   4．熟悉 TCP/IP 网络协议栈，熟悉 802.11 协议，有 BR/EDR、BLE、ZigBee 等开发经验；有 MQTT、COAP 开发经验优先；\
12   5．熟悉 UART、SPI、I2C、FLASH 等基本外围驱动的开发；
13   6．工作踏实勤奋，责任心强，有较强的沟通能力及合作意识。"
14   # 进行关键词抽取
15   keywords = tfidf(text,topK=30)
16   print (" 关键字 by tfidf:")
17   # 输出关键词
18   for keyword in keywords:
19       print(keyword ,end= "/")
```

程序调用了 analyse.extract_tags 方法，把岗位需求作为文本参数传入，用 topK=30 要求输出 30 个关键字，如果没有 topK 参数，则默认输出 20 个关键字。

输出结果如下：

关键字 by tfidf：
开发 / 熟悉 /ZigBee/ 经验 / 嵌入式 / 文档 / 编程 / 相关 / 熟练 / 联网 / 多线程 / 通信 / 工作 / 嵌入式软件 / 维护 / 具备 /WiFi/NB/IoT/Requirements/ 专业本科 /C++/ 线程 /Lua/Python/ 单片机 /ARM/OS/FreeRTOS/Linux/

其中 tf 是指某词在文章中出现的总次数，由于长文档出现某词的次数肯定比短文档要多，为了防止最终结果偏向过长的文档，所以通常会对该指标进行归一化处理，tf= 某词在该文档中出现的次数 / 文档的总词数。idf 是逆向文档频率，含有某词的文档越少，idf 值越大，说明该词语具有更强的区分能力，idf=$\log_e$（语料库中文档总数 / 包含该词的文档数 +1），+1 的原因是避免分母为 0。tfidf=tf × idf，tfidf 值越大表示该特征词对这个文本的重要性越大。

2．采用 textrank 算法来提取关键字

程序如下：

```
1    from jieba import analyse
2
3    # 引入 textrank
4    textrank = analyse.textrank
```

```
5    text = "1．负责物联网产品相关嵌入式软件设计、开发、调试及维护；\
6    2．负责物联网产品的蓝牙、WiFi、ZigBee、NB-IoT 等模块的开发和维护工作；\
7    3．编写相关软件设计文档及其他技术文档；Requirements\
8    1．计算机、通信或相关专业本科及以上学历，五年以上相关行业工作经验；\
9    2．精通嵌入式 C/C++ 编程，熟悉多线程编程、进程和线程通信等；熟练使用 Lua、Python 等；具备良好的编码习惯；\
10   3．熟悉单片机、ARM 架构处理器，具备 OS（FreeRTOS、嵌入式 Linux 等）开发经验，熟练使用 Keil/IAR 等开发环境；\
11   4．熟悉 TCP/IP 网络协议栈，熟悉 802.11 协议，有 BR/EDR、BLE、ZigBee 等开发经验；有 MQTT、COAP 开发经验优先；\
12   5．熟悉 UART、SPI、I2C、FLASH 等基本外围驱动的开发；
13   6．工作踏实勤奋，责任心强，有较强的沟通能力及合作意识。"
14   # 进行关键词抽取
15   keywords = textrank(text,topK=30)
16   print (" 关键字 by textrank:")
17   # 输出关键词
18   for keyword in keywords:
19       print(keyword ,end= "/")
```

区别只在于第 4 行，这里引入了 analyse.textrank 算法。输出结果如下：

关键字 by textrank：
开发 / 相关 / 熟悉 / 经验 / 有 / 文档 / 工作 / 产品 / 编程 / 维护 / 具备 / 架构 / 设计 / 能力 / 沟通 / 负责 / 嵌入式软件 / 处理器 / 单片机 / 意识 / 合作 / 进程 / 栈 / 网络协议 / 协议 / 习惯 / 编码 / 调试 / 行业 / 驱动

textrank 算法是基于 Google 的 PageRank 算法，它的主要思路就是：

1）如果一个单词出现在很多单词后面，那么这个单词比较重要。

2）一个 textrank 值很高的单词后面跟着一个单词，那么这个跟着的单词的 textrank 值会相应地提高。

简单地介绍了 jieba 的两种关键字提取算法后，接下来要对爬取数据的岗位需求进行关键字提取。

程序如下：

```
1    #4. 使用 jieba 分词器，提取文本的关键字
2    import jieba.analyse
3    import pandas as pd
4    import numpy as np
5    import jieba
6
7    df_works = df.work.values.tolist()
8    df_work='/'.join(df_works)
9    content_text =jieba.analyse.textrank(df_work, topK=50, withWeight=False)
10   print(content_text)
```

这里利用 textrank 算法进行关键字提取。

运行结果如下：

['公司',' 产品',' 信息',' 销售',' 上海',' 有限公司',' 技术',' 工作',' 有',' 企业',' 客户',' 是',' 服务',' 地址',' 科技',' 行业',' 提供',' 经验',' 能力',' 管理',' 项目',' 智能',' 上班',' 负责',' 开发',' 相关',' 系统',' 平台',' 微信',' 地图',' 发展',' 设计',' 专业',' 团队',' 分享',' 职位',' 中国',' 软件',' 业务',' 解决方案',' 需求',' 市场',' 进行',' 员工',' 应用',' 熟悉',' 优先',' 类别',' 领域',' 职能 ']

对提取的关键字用云词图的方式来展现，能够让用户一目了然。

首先安装 wordcloud 第三方 Python 插件，用于云词图的展示。然后建立一张背景图，如图 9-10 所示。

图 9-10　背景图

然后编写如下程序：

```
1    import matplotlib.pyplot as plt
2    from wordcloud import wordcloud
3
4    wc = wordcloud.WordCloud(
5        font_path='Fangsong.ttf',
6        background_color='white',
7        width=1000,
8        height=600,
9        max_font_size=50, # 字体大小
10       min_font_size=10,
11       mask=plt.imread('back.jpg'), # 背景图片
12       max_words=1000
13   )
14
15   wc.generate(" ".join(content_text))
16   wc.to_file('jg.png') # 图片保存
17
18   # 显示图片
19   plt.figure('jg')
20   plt.imshow(wc)
21   plt.axis('off') # 关闭坐标
22   plt.show()
```

运行结果如图 9-11 所示。

图 9-11　云词图

项\目\小\结

本项目学习了在 Python 中爬取网络数据的模块和使用方法；通过网络爬虫取得的数据不能直接进行数据分析，需要对数据进行清洗和整理，以符合数据分析需求；数据处理后得到比较规范的数据，可以进行数据分析、输出报表。通过本项目的学习能够掌握数据的爬取方法，掌握数据清洗和数据整理方法，通过实践任务进行数据分析，展示输出结果。通过项目学习初步掌握了对于中文文字的一些分词和关键字提取的算法。

拓\展\练\习

1. 简要叙述网络爬虫的工作原理。
2. 常用的网络爬虫开发框架有哪几个？
3. （单选）下面（　　）不是网络爬虫可能引发的问题。
   A．网络攻击对抗　　　　B．骚扰问题　　　　C．隐私泄露　　　　D．法律风险
4. （多选）下面（　　）功能网络爬虫做不到。
   A．持续关注某个人的微博或朋友圈，自动为新发布的内容点赞。
   B．爬取网络公开的用户信息，并汇总出售。
   C．爬取某个人计算机中的数据和文件。
   D．分析教务系统网络接口，用程序在网上抢最热门的课。
5. 爬取一个 HTML 并保存。
6. 爬取图片并保存到本地。

参 考 文 献

[1] 盛鸿宇,于京,詹晓东. 人工智能应用基础 [M]. 北京:高等教育出版社,2020.

[2] 于京,宋伟. Python 开发实践教程 [M]. 北京:中国水利水电出版社,2016.

[3] 周志华. 机器学习 [M]. 北京:清华大学出版社,2017.

[4] 谢文睿,秦州. 机器学习公式详解 [M]. 北京:人民邮电出版社,2021.

[5] 刘艳,韩龙哲,李沫沫. Python 机器学习——原理、算法及案例实战 [M]. 北京:清华大学出版社,2021.

[6] GOODFELLOW L, BENGIO Y, COURVILLE A. 深度学习 [M]. 赵申剑,黎彧君,符天凡,等译. 北京:人民邮电出版社,2021.

[7] HARRINGTON P. 机器学习实战 [M]. 李锐,李鹏,曲亚东,等译. 北京:人民邮电出版社,2013.

[8] 查博罗,乔希. Python 机器学习经典实例 [M]. 2版. 王海玲,李昉,译. 北京:人民邮电出版社,2021.

[9] MITCHELL T. 机器学习 [M]. 曾华军,张银奎,译. 北京:机械工业出版社,2008.

[10] 卢奇,科佩克. 人工智能 [M]. 2版. 林赐,译. 北京:人民邮电出版社,2018.

[11] 厄兹代米尔,苏萨拉. 特征工程入门与实践 [M]. 庄嘉盛,译. 北京:人民邮电出版社,2019.